AF346611

COURS

DE

DESSIN INDUSTRIEL

ATLAS

DES PLANCHES

CONTENUES DANS LE

COURS DE DESSIN INDUSTRIEL

PAR

L. GUIGUET

OFFICIER DE L'INSTRUCTION PUBLIQUE, PROFESSEUR A L'ASSOCIATION POLYTECHNIQUE

PARIS

FURNE, JOUVET ET Cie, EDITEURS

45, RUE SAINT-ANDRÉ-DES-ARTS, 45

1878

Tous droits réservés

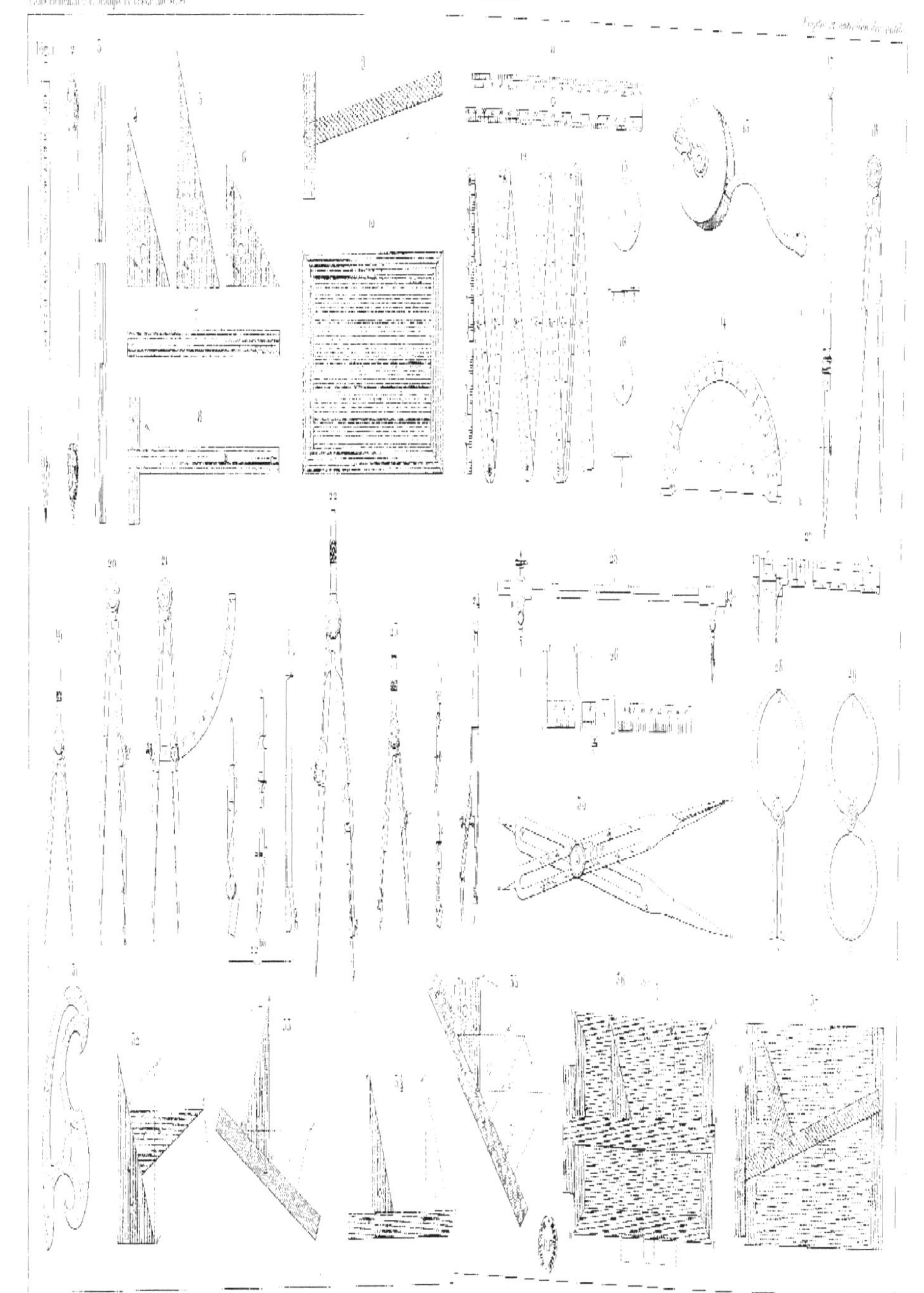

La ligne droite

Ligne Droite

Ligne Droite

Ligne Droite

Ligne Droite

Ligne Horizontale — Verticale — Niveau de plomb

Ligne Courbe

Lignes Obliques

Lignes Perpendiculaires

Angle Droit

Aigu

Angle Obtus

Rentrant

Convergente

Adjacentes

Alternes

Angles opposés

Droites qui se coupent

Rectangle

Triangles

Équilatéral

Isocèle

Scalène

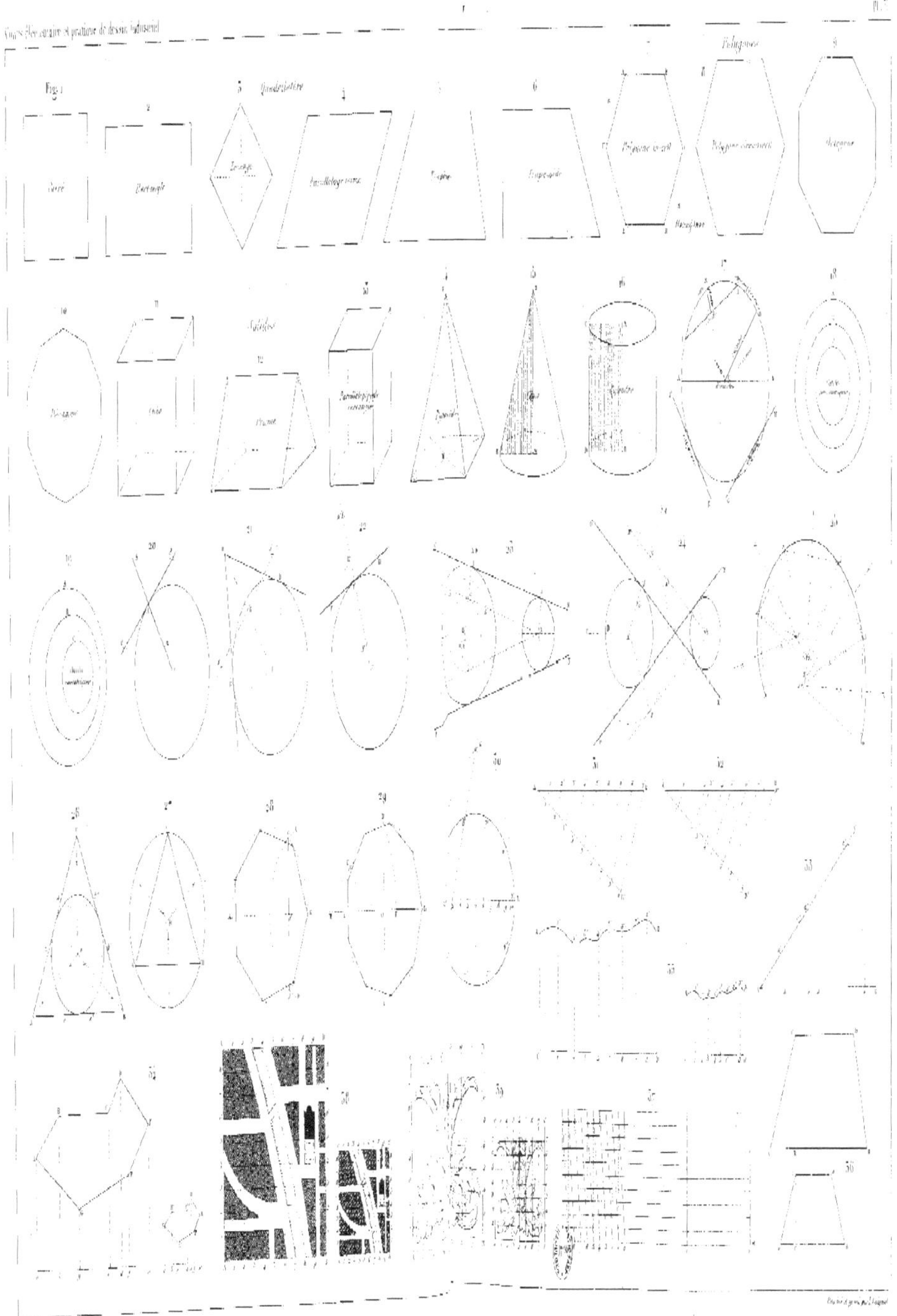

Fig. 1
Carré
Rectangle
Quadrilatère
Losange
Parallélogramme
Trapèze
Trapézoïde
Polygones
Pentagone
Hexagone
Heptagone
Octogone
Solides
Cube
Prisme
Parallélépipède rectangle
Pyramide
Cône
Cylindre

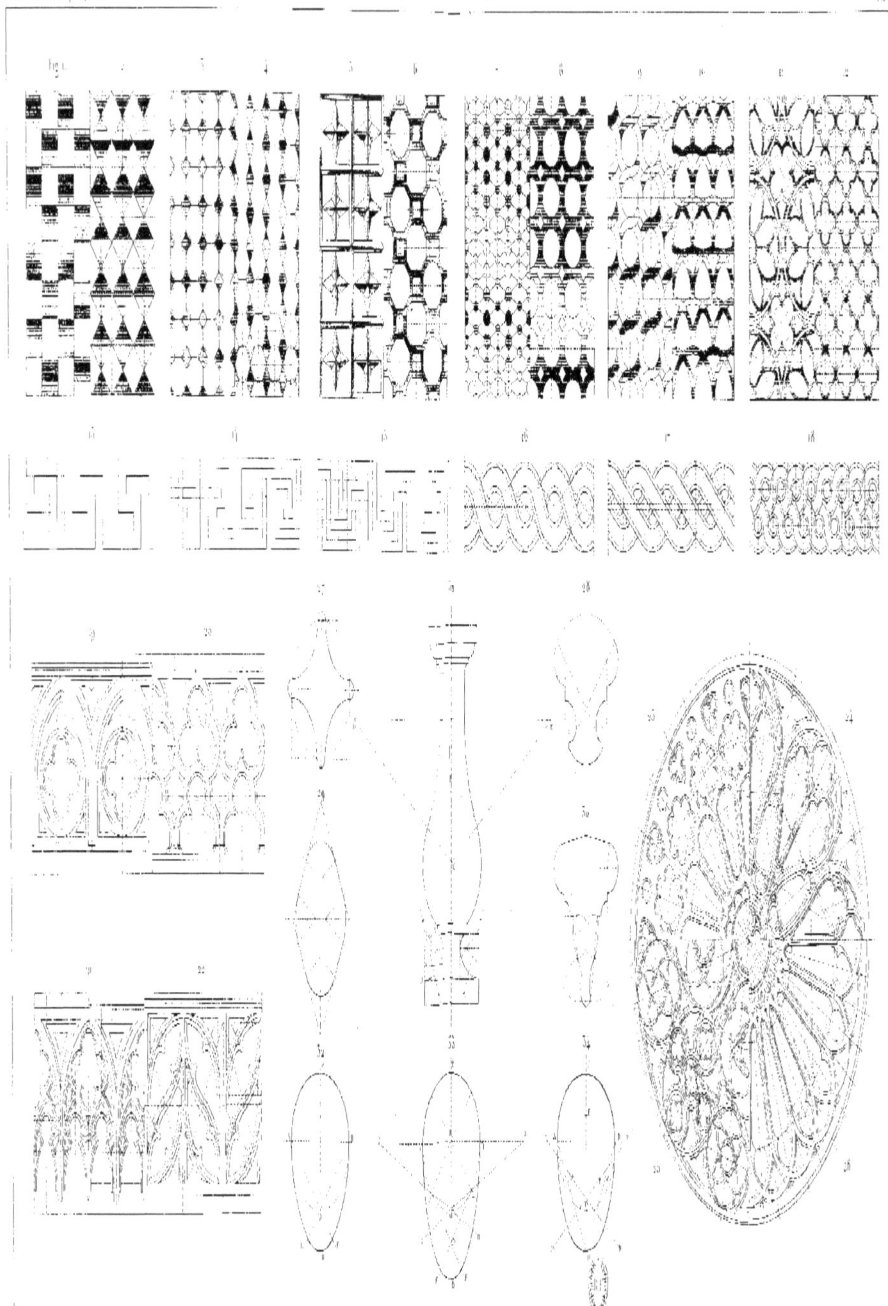

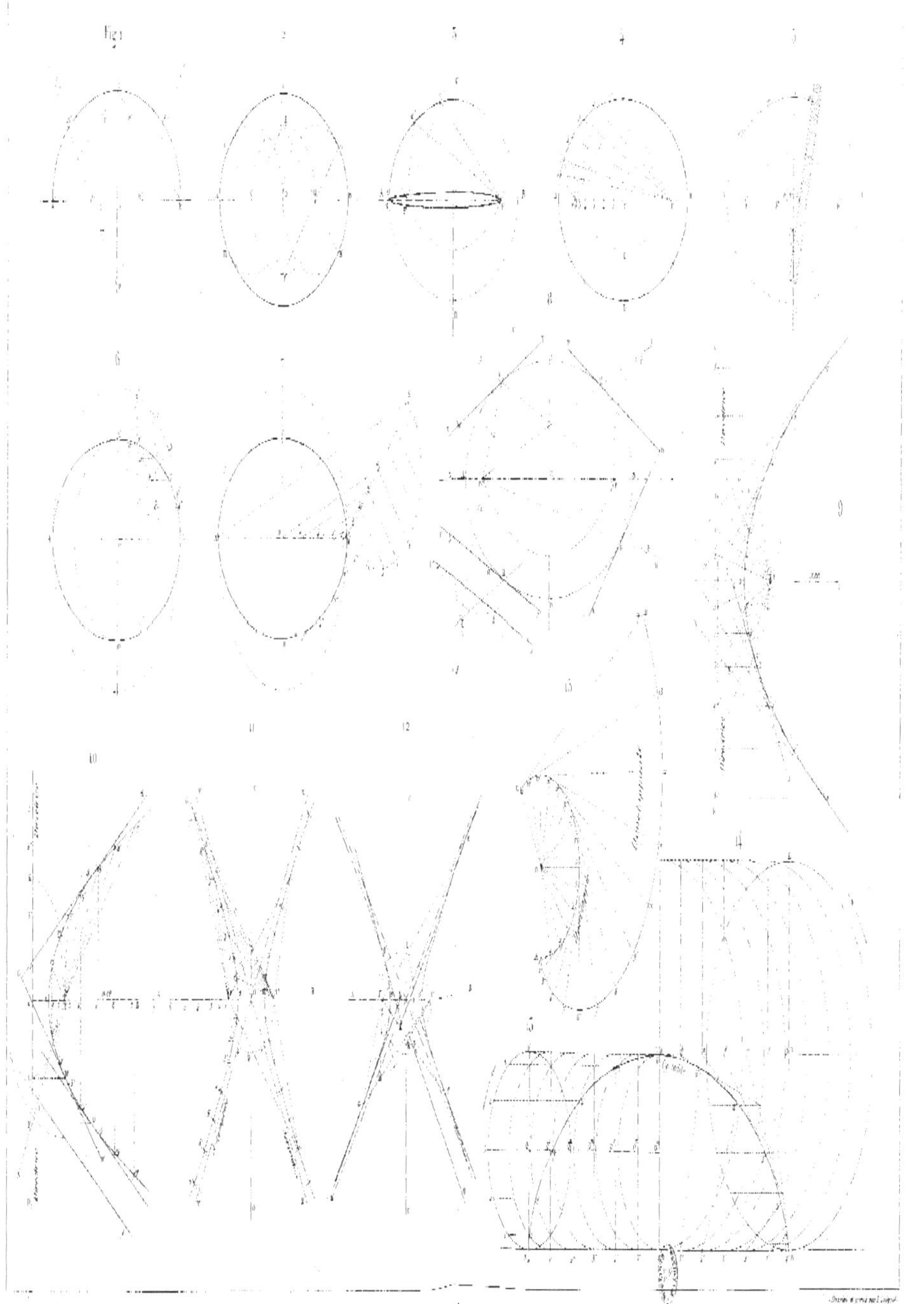
Fig 1
2
3
4
5
6
7
8
9
10
11
12
13
14
15
16

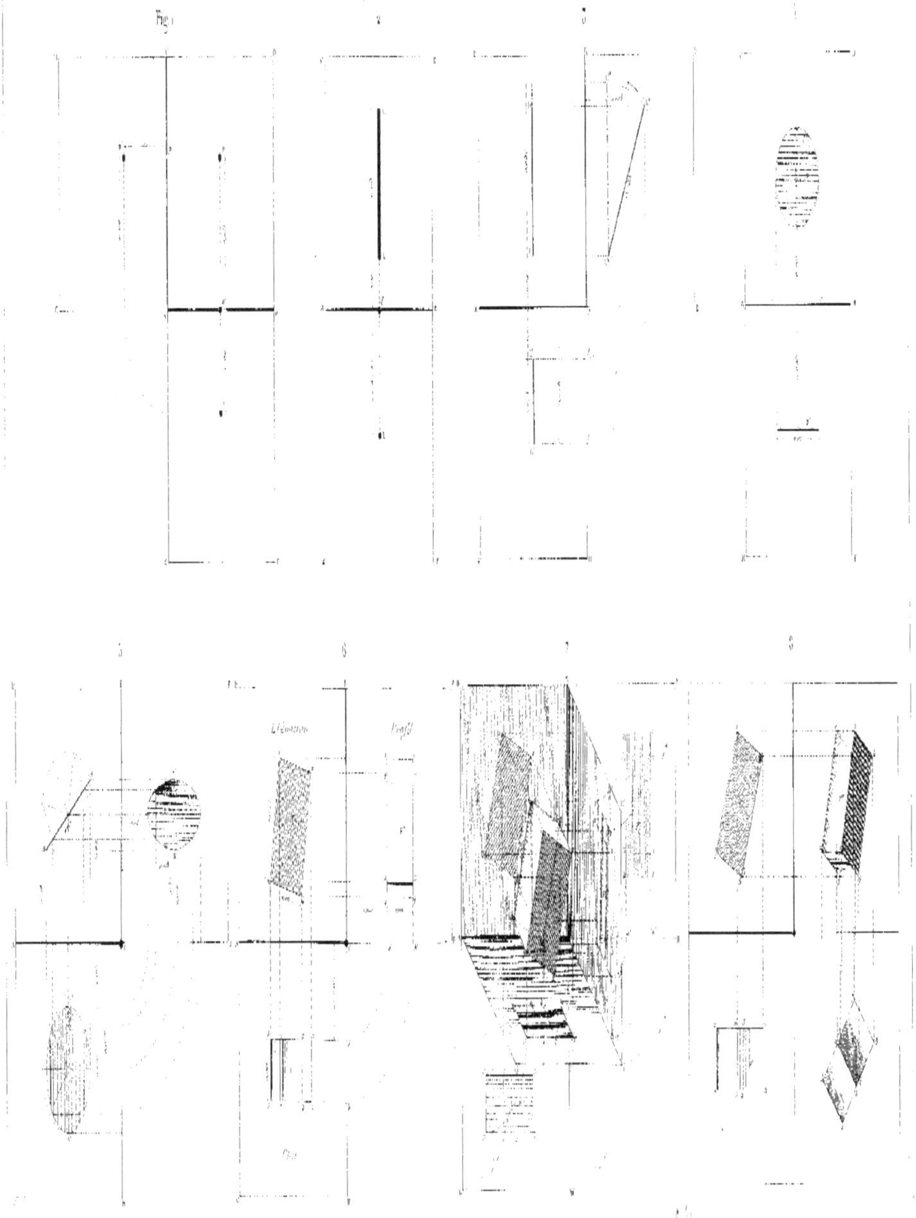

Fig. 1

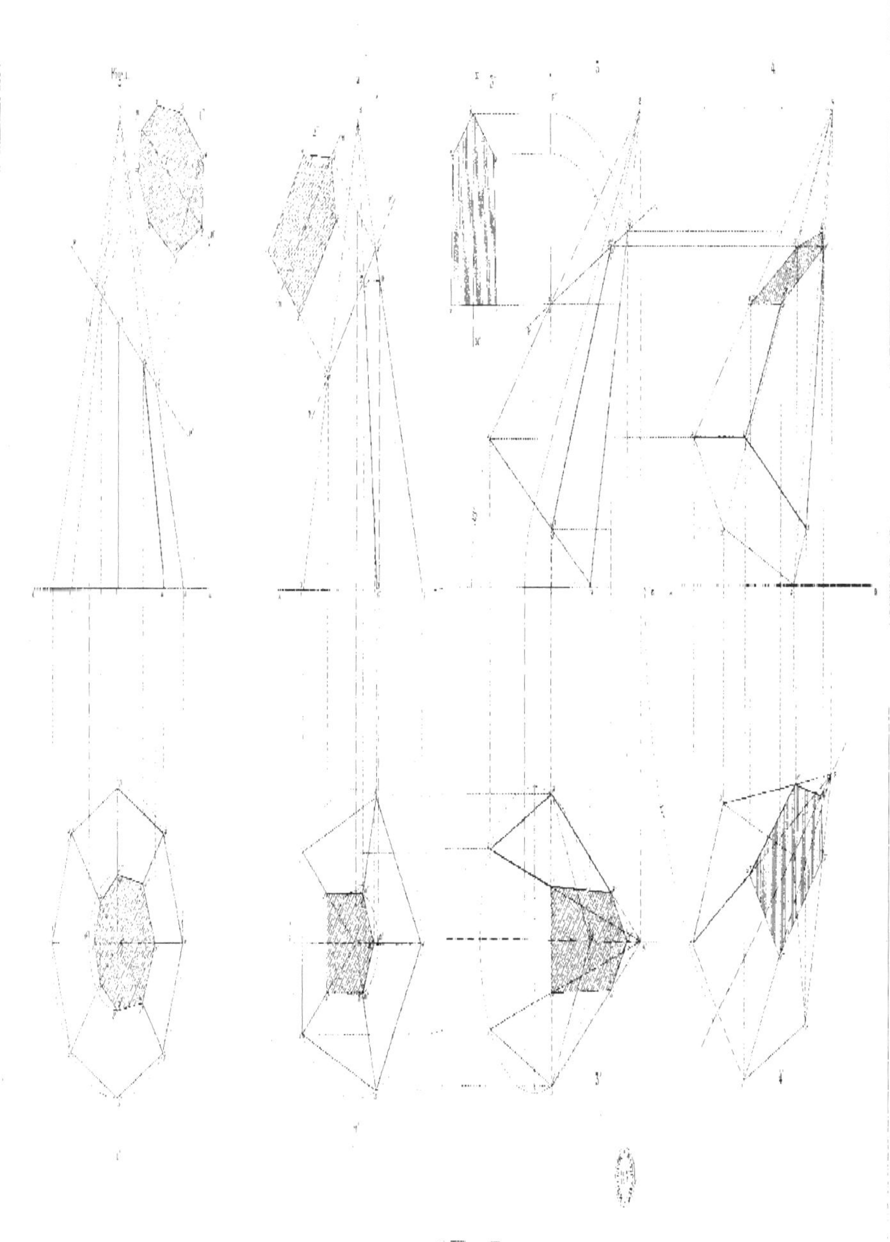

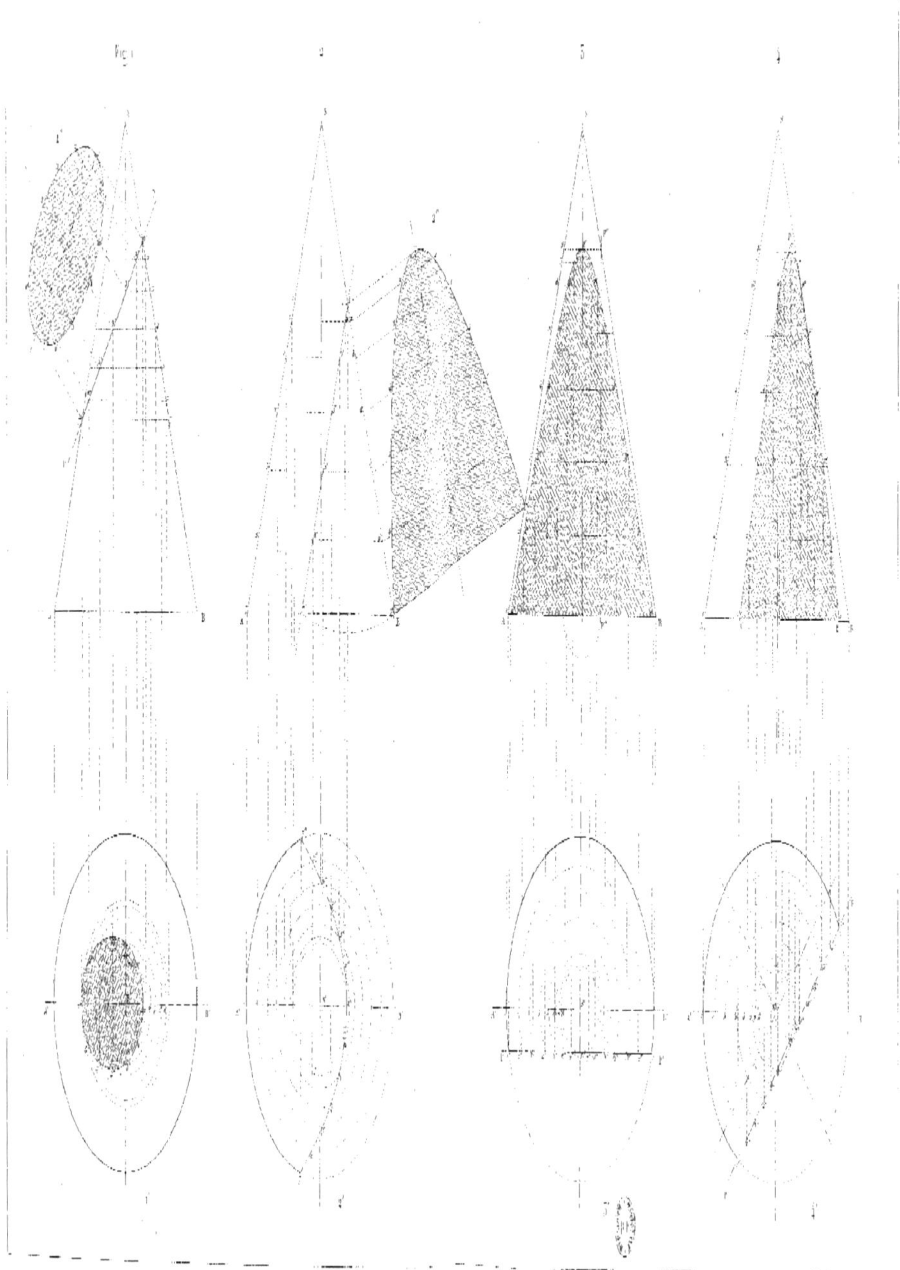

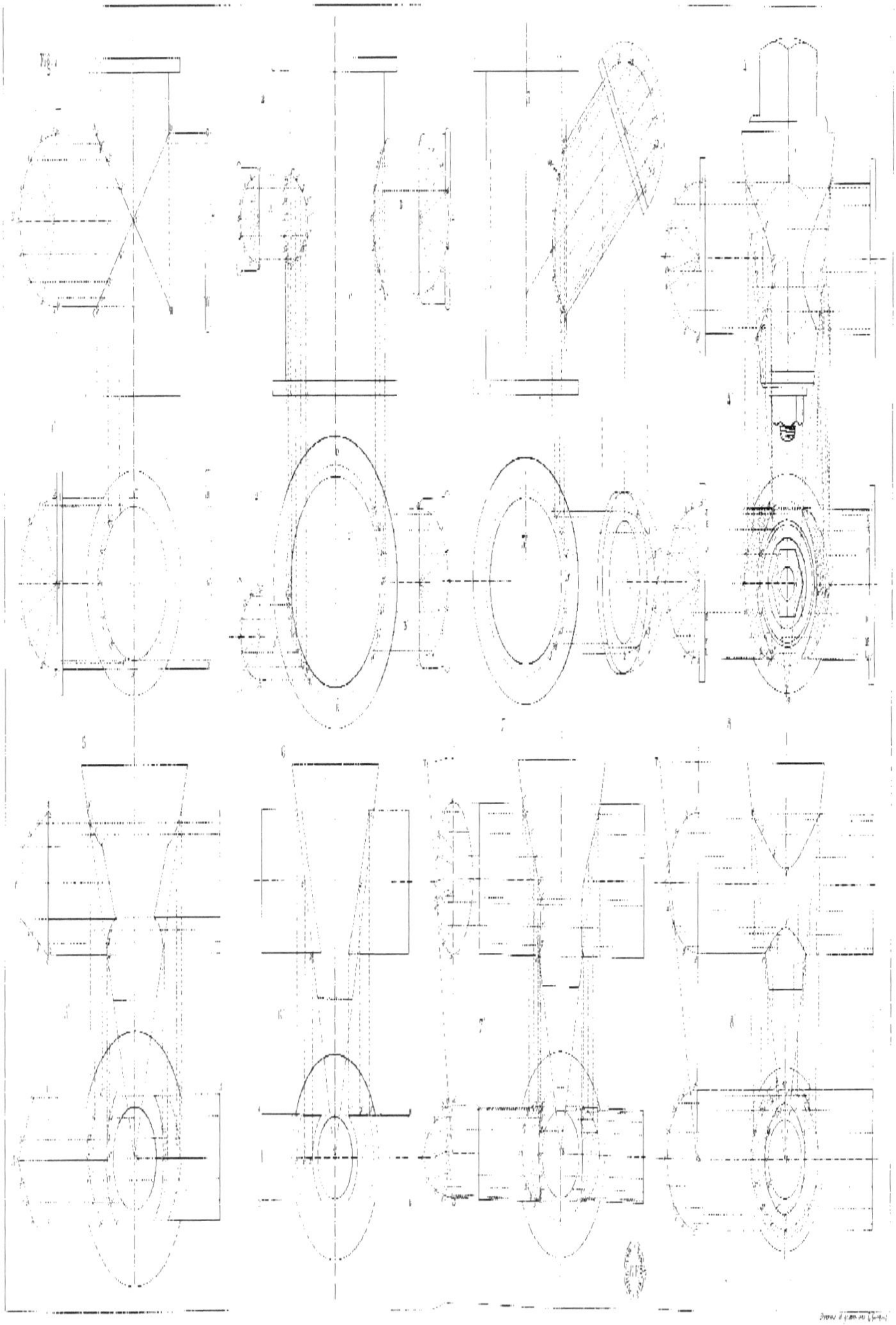

Fig. 1

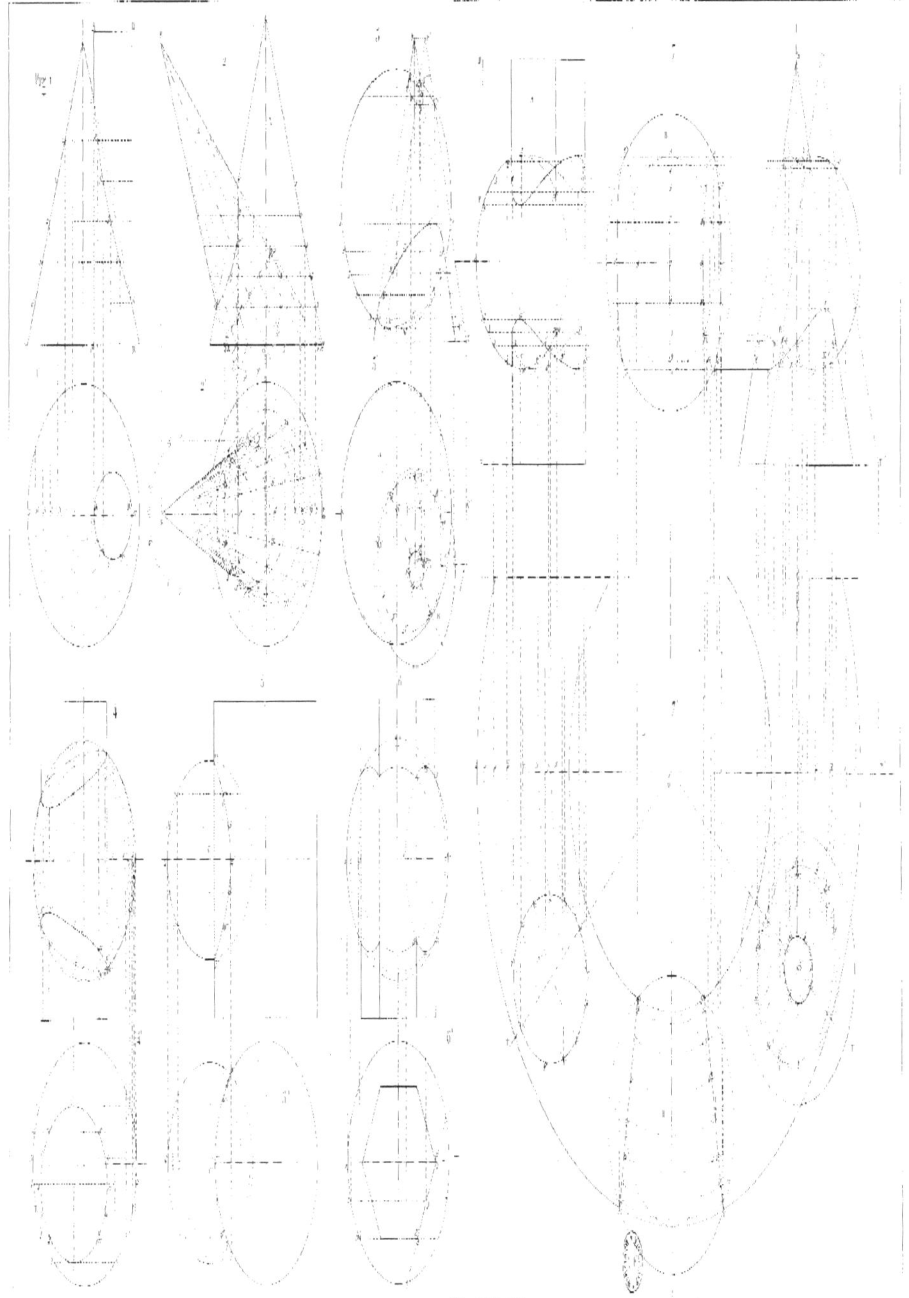

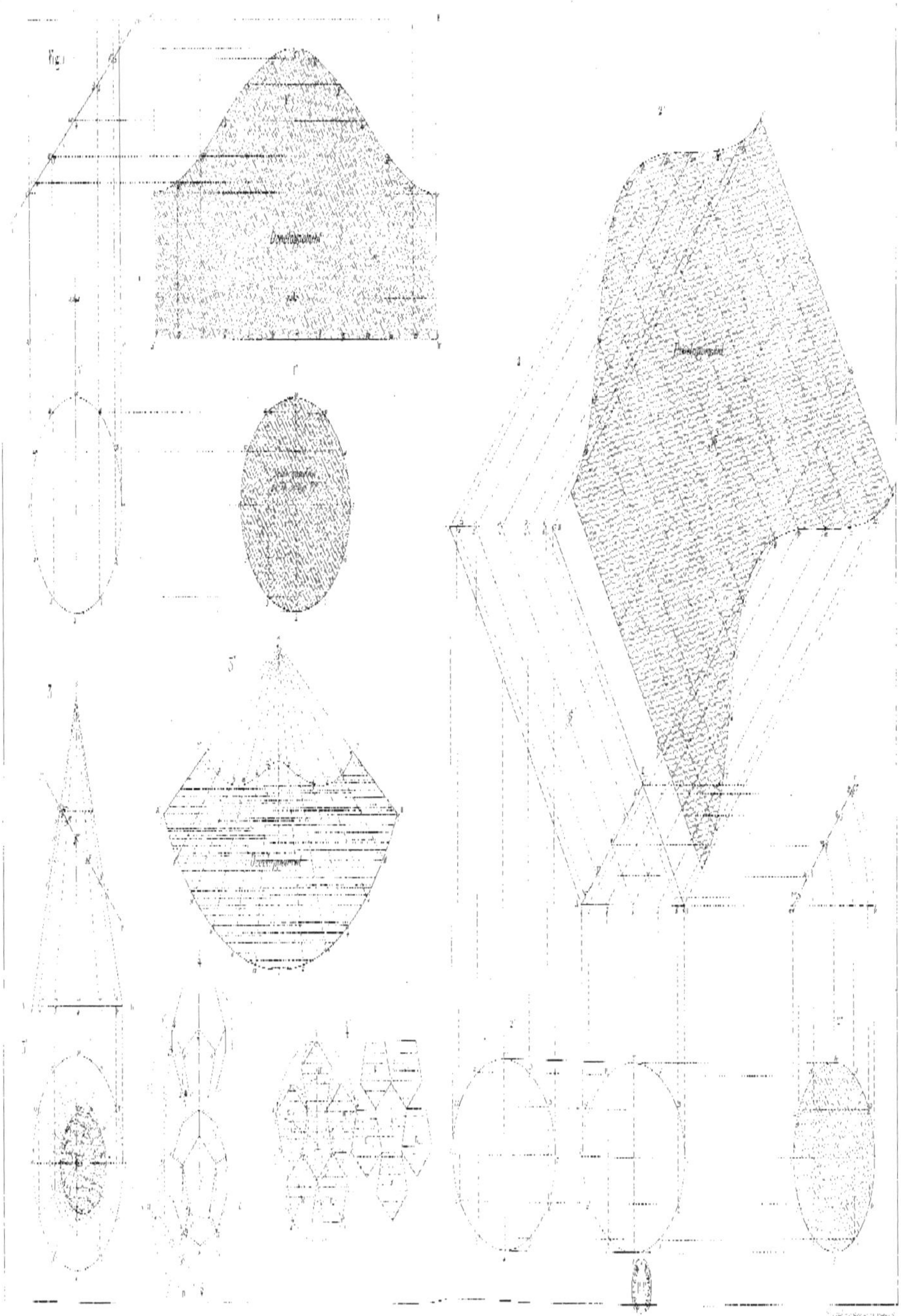
Fig. 1
Développement
Développement
Développement

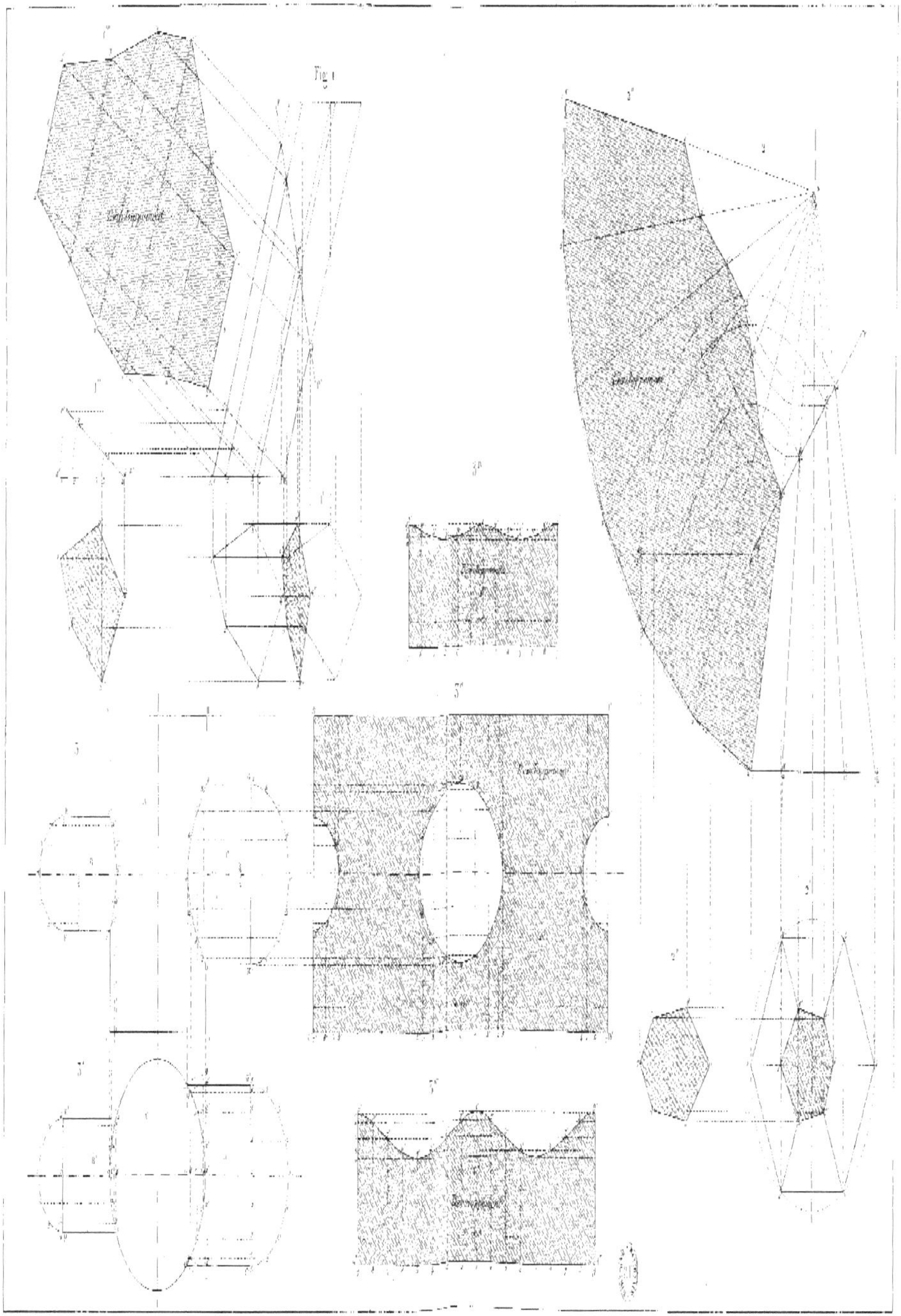
Fig. 1

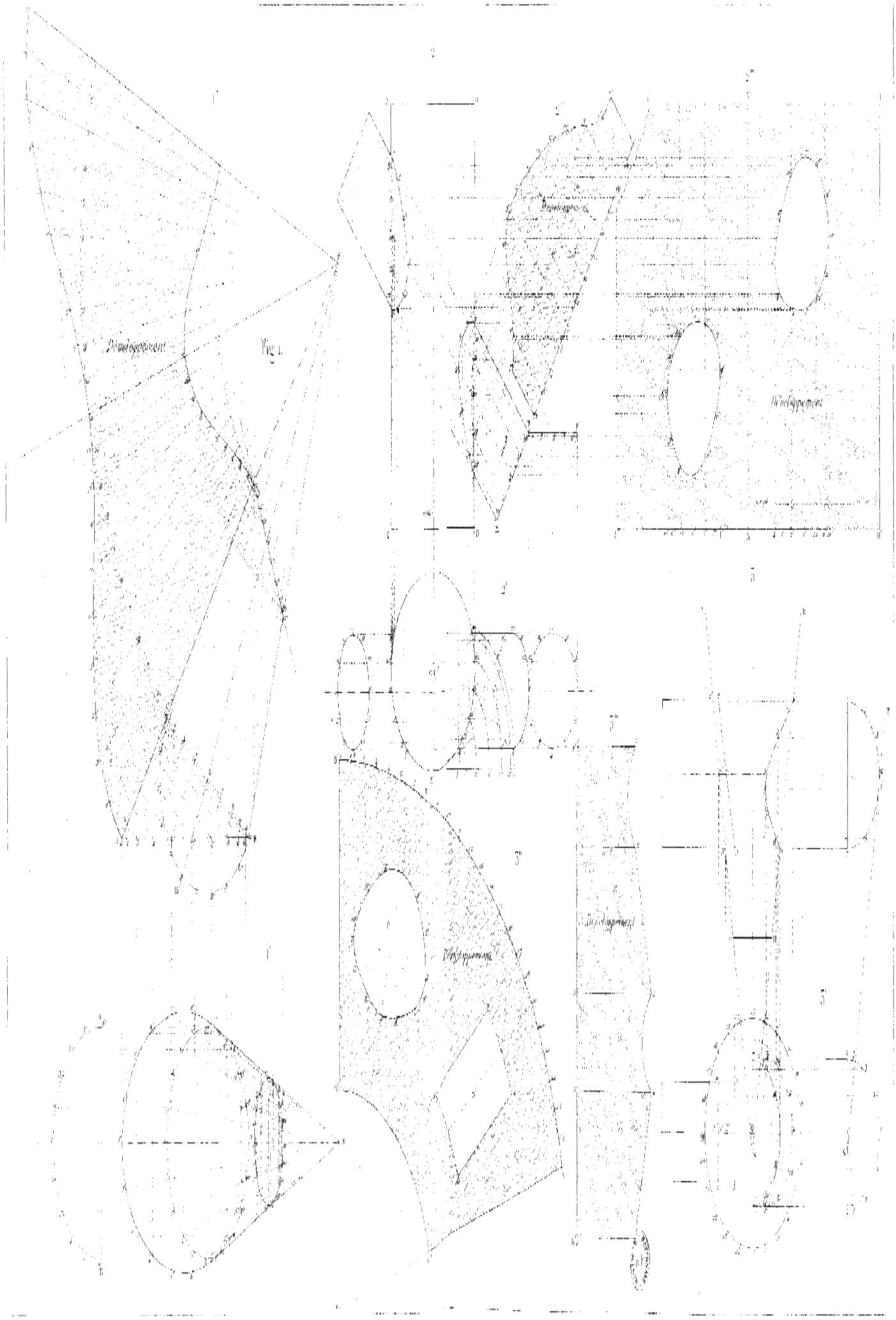
Fig. 1.
Développement
Développement
Développement
Développement
Développement

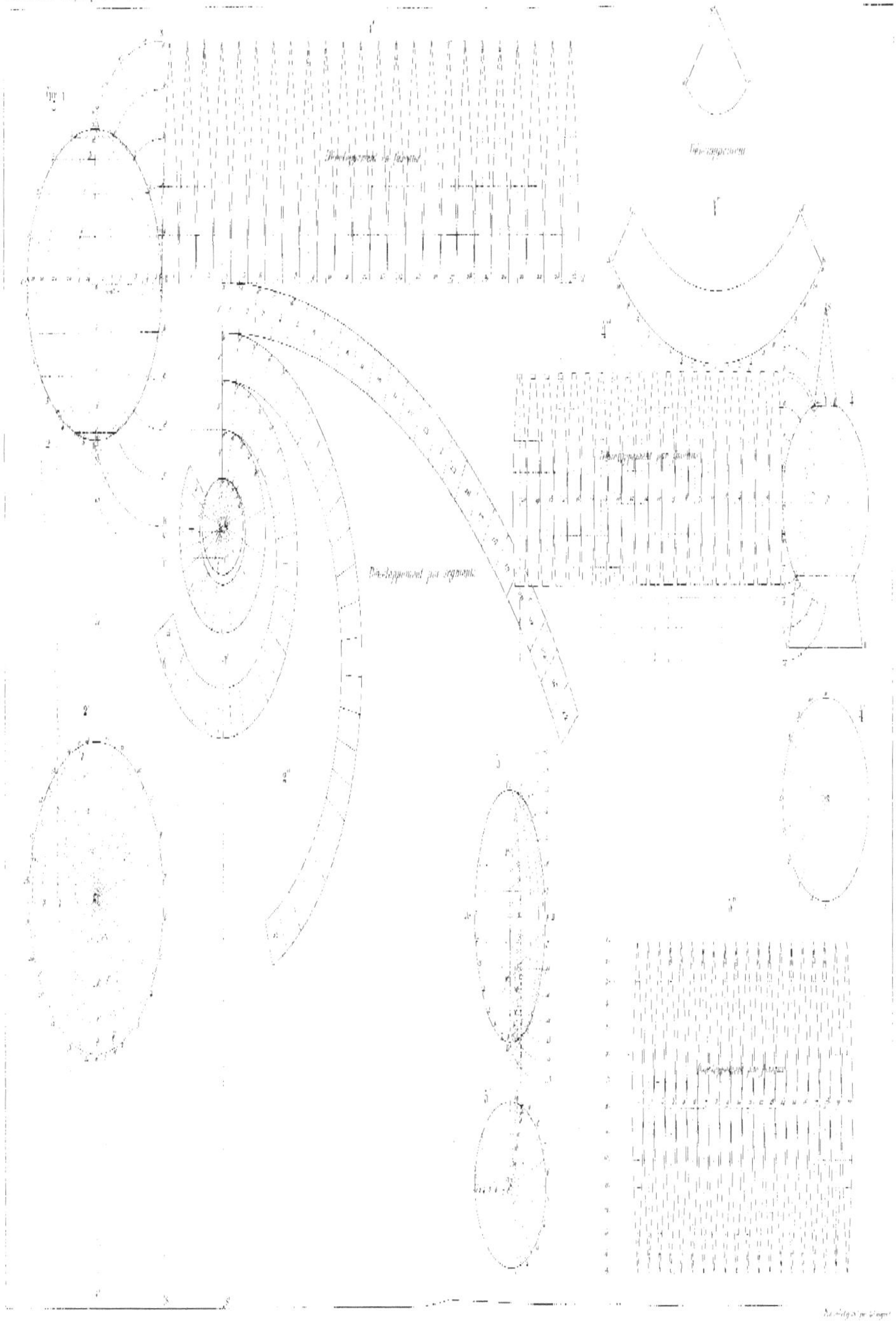

Développement de l'abaque
Développement par segments
Développement par tranches
Développement par fuseaux

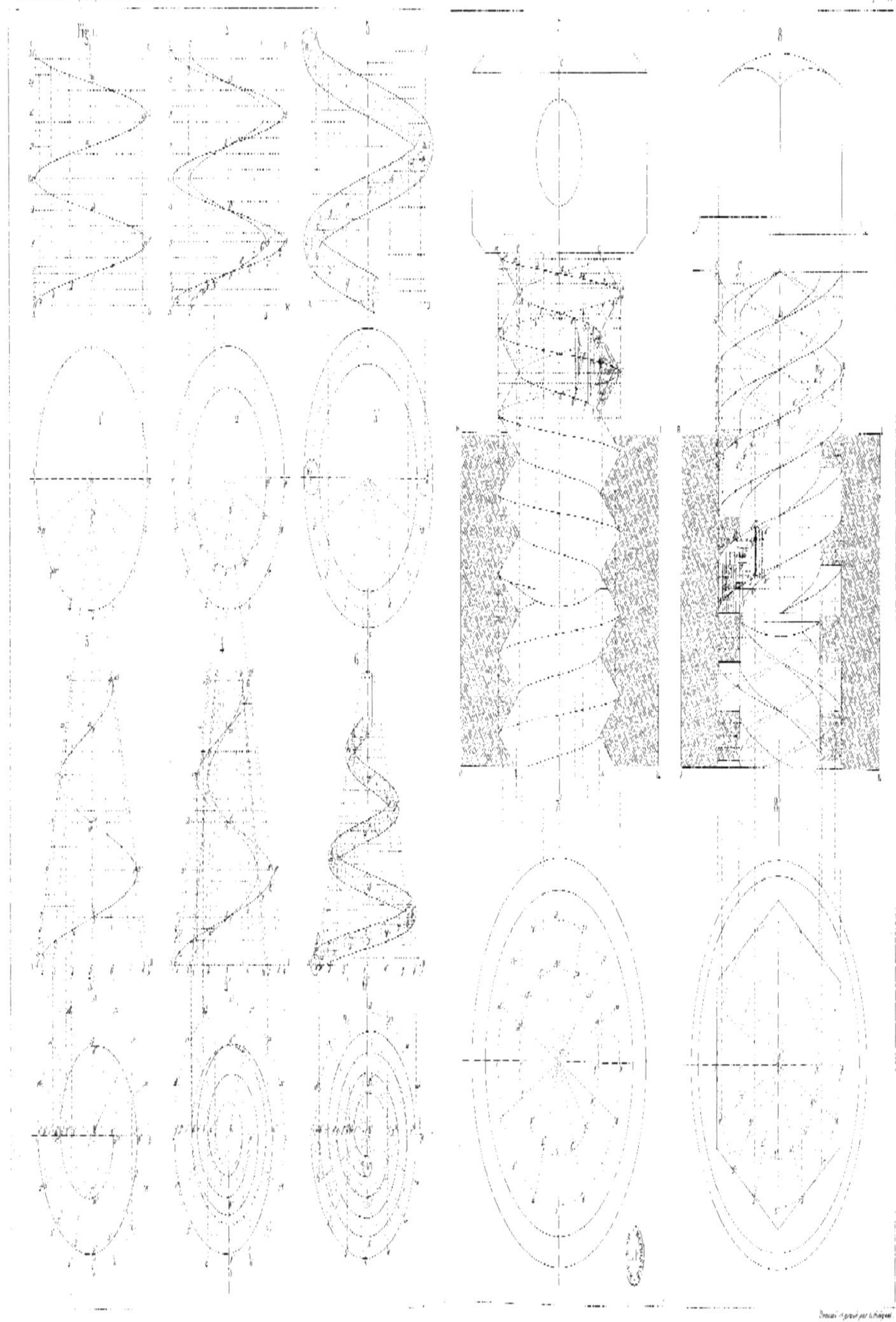

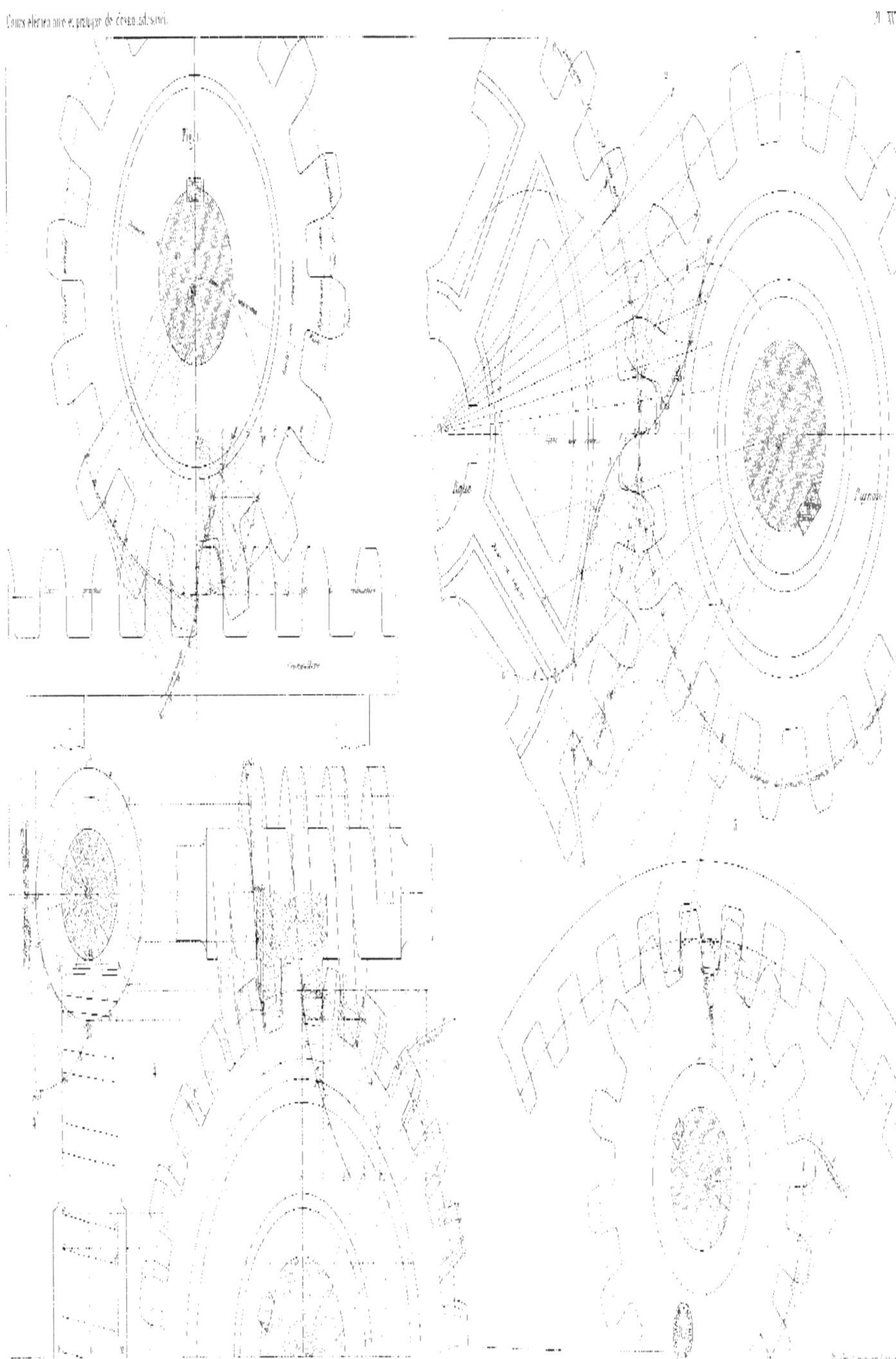

Fig. 1.
taille
Fig. 2.

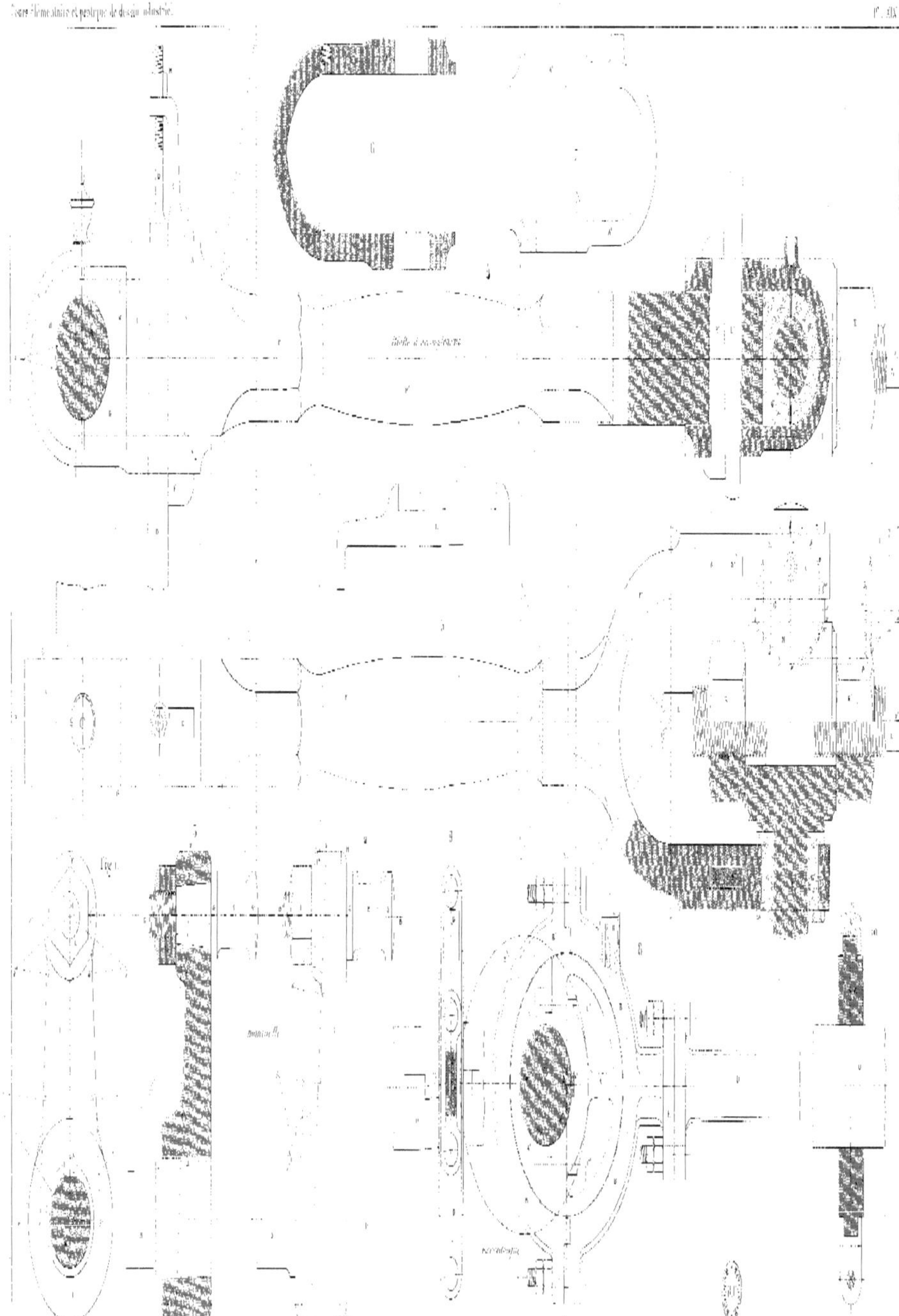

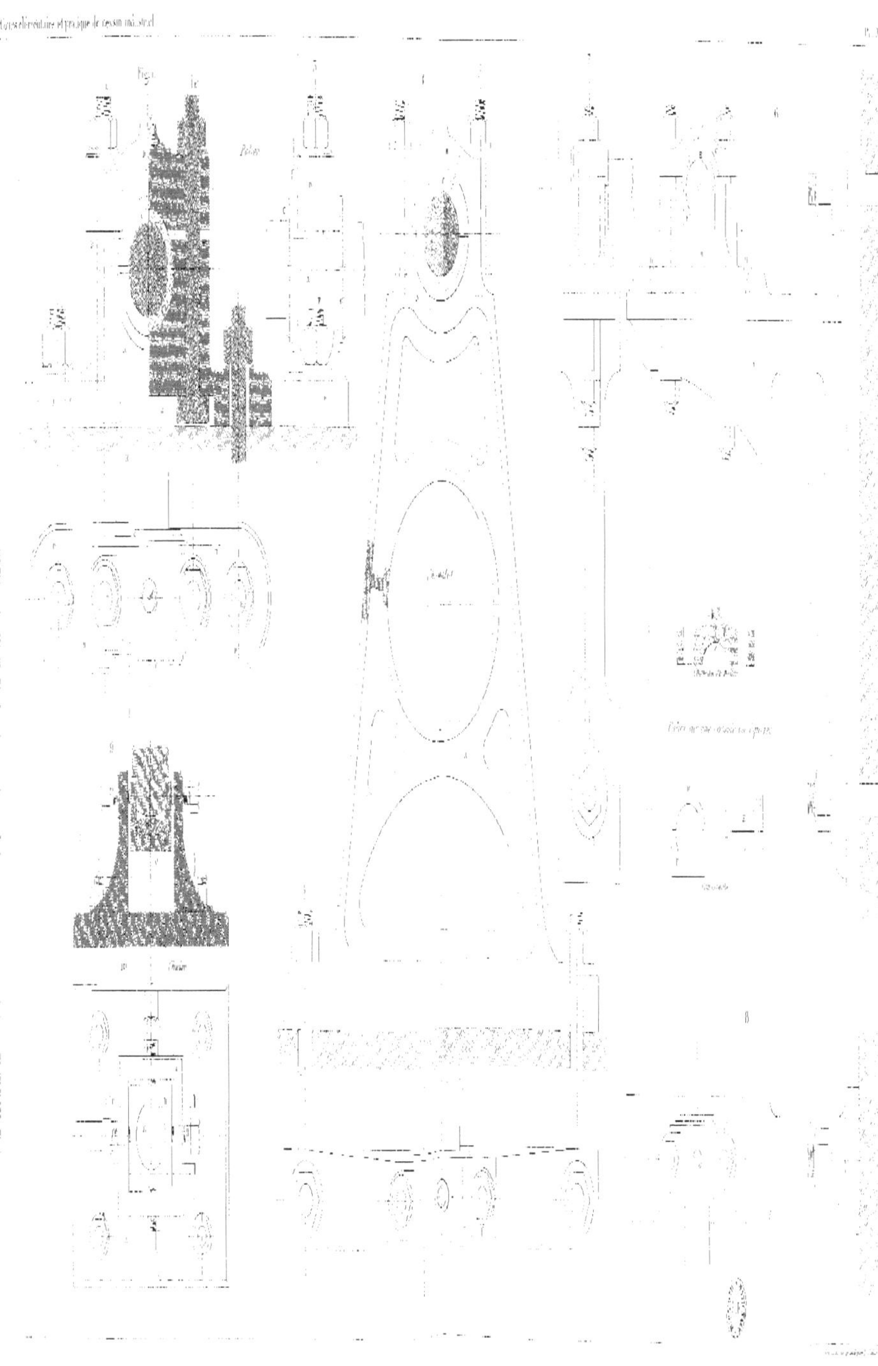

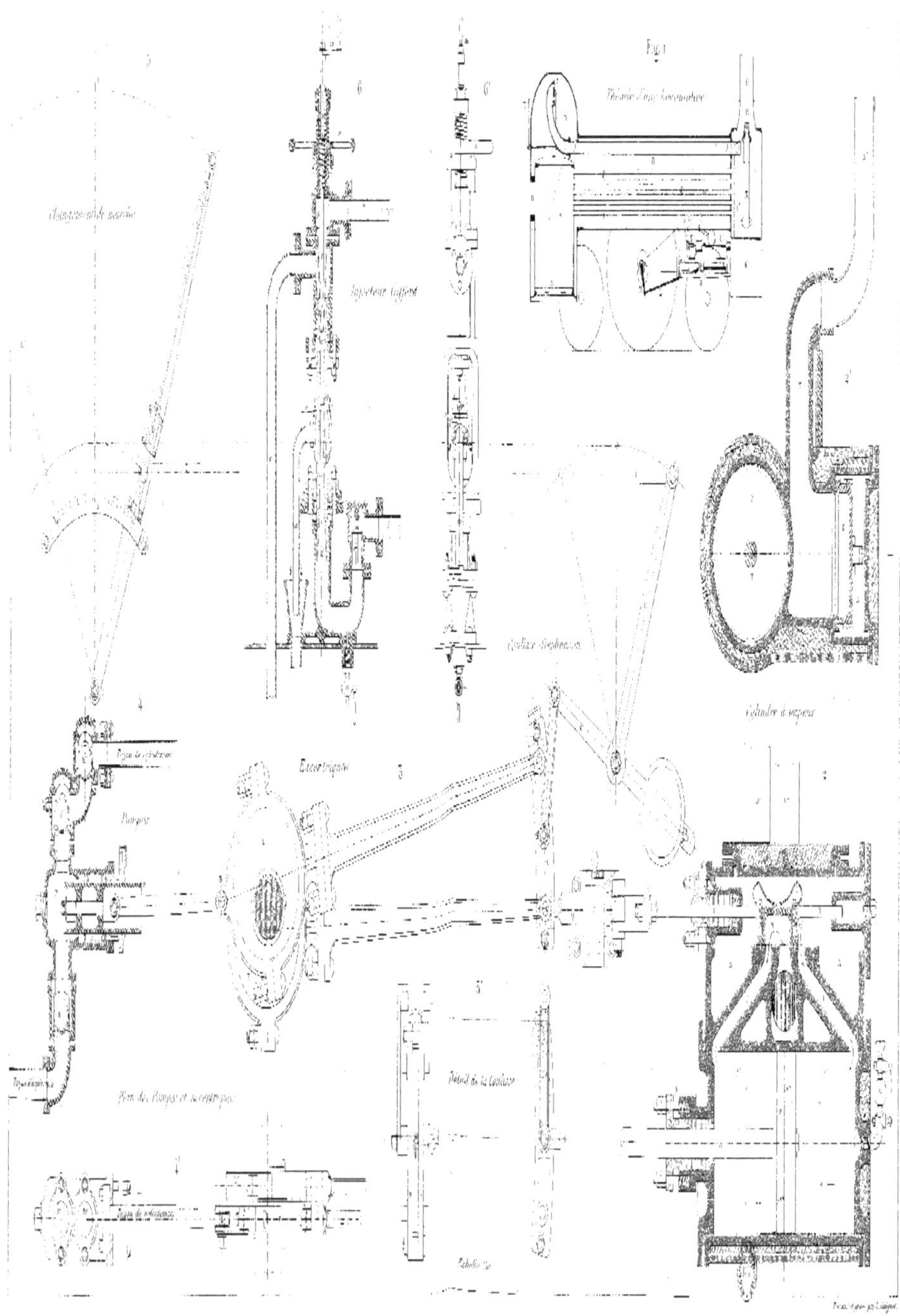
Changement de marche
Injecteur Giffard
Coulisse Stephenson
Excentrique
Pompes
Plan des Pompes et excentriques
Détail de la Coulisse
Cylindre à vapeur
Fig. 1
Chassis d'une Locomotive

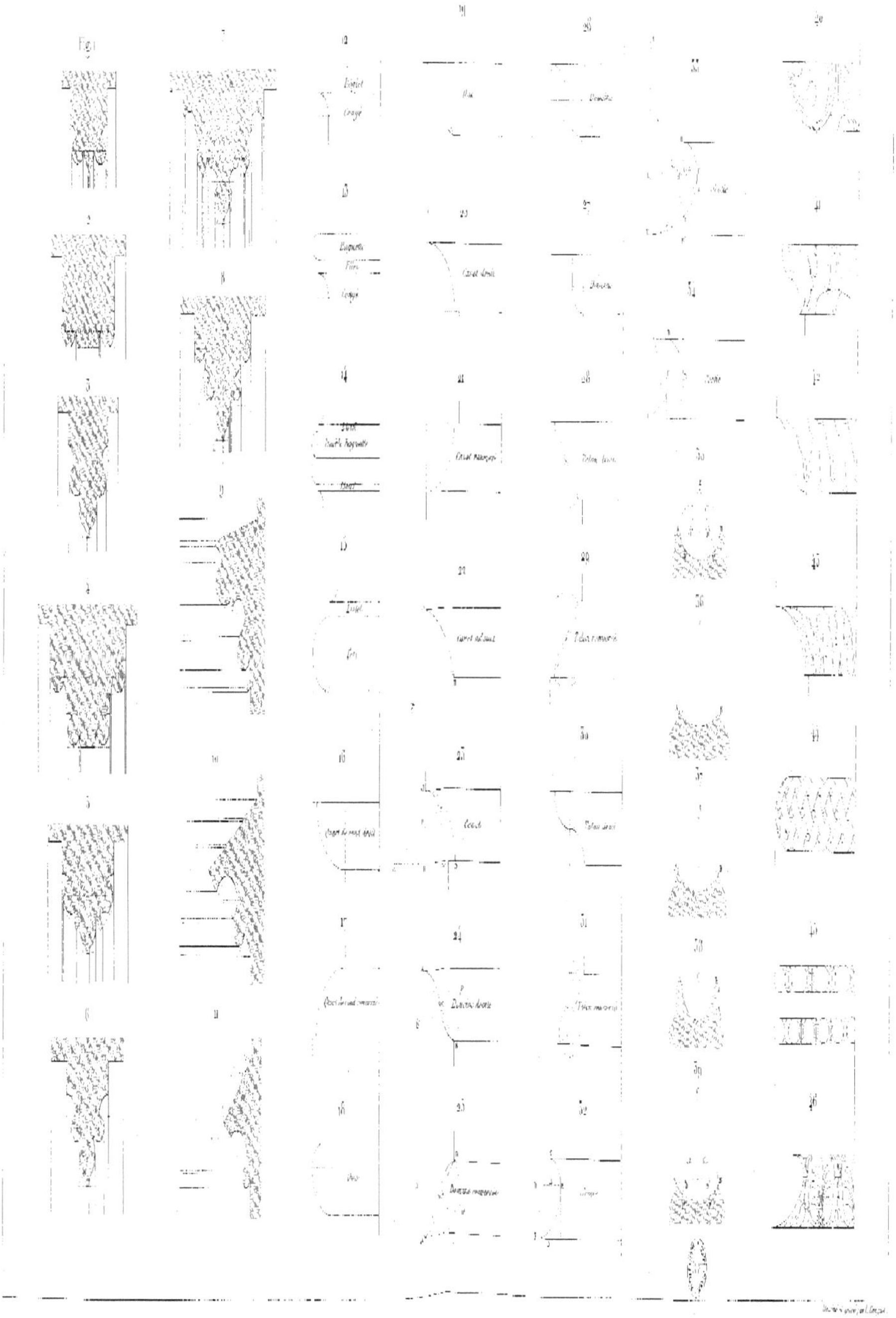

Entrecolonnement
Portique
Echelle de 0,083 pour 1 mètre
Echelle de 0,25 pour coupe

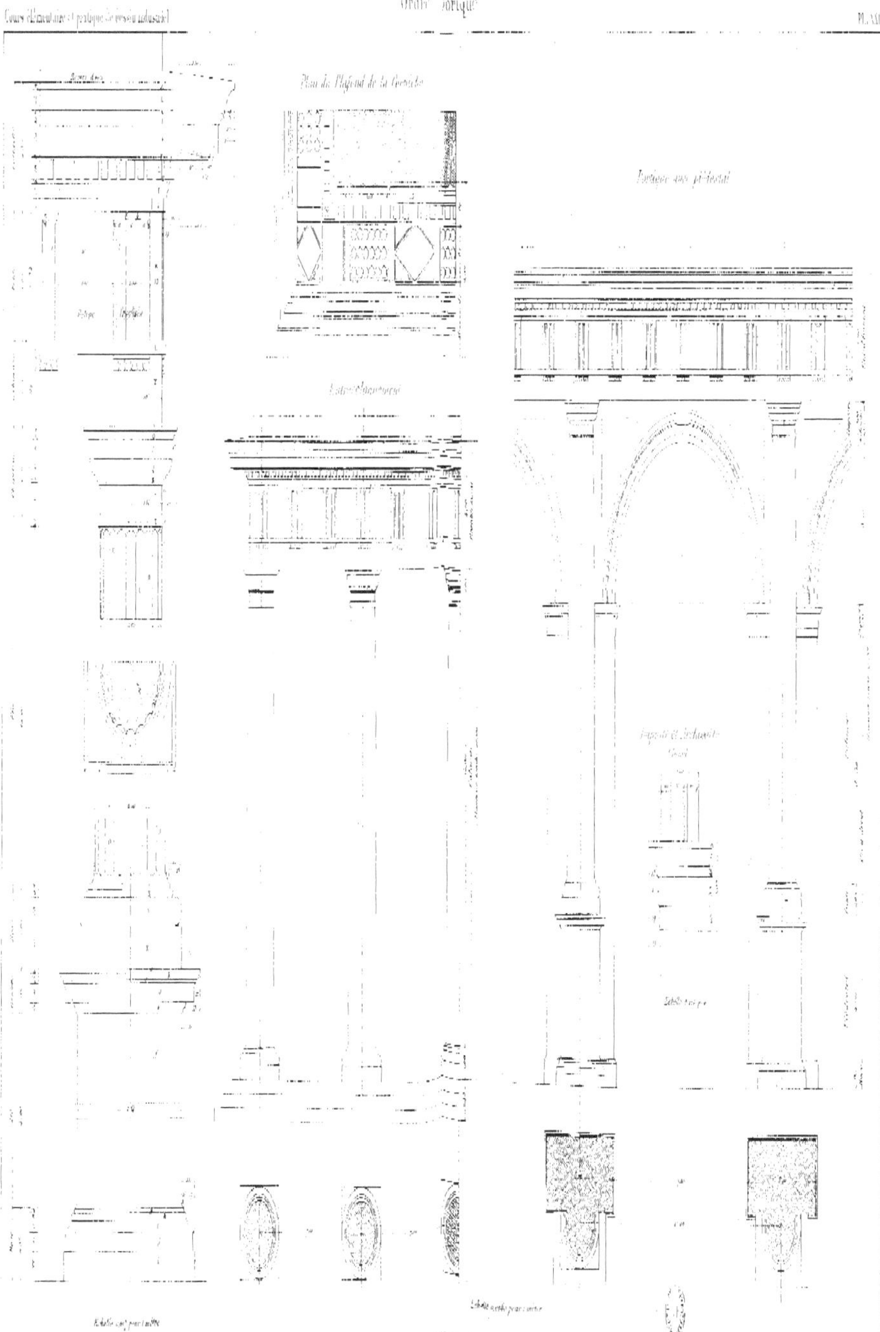
Plan du Plafond de la Corniche
Portique sans piédestal
Entablement
Imposte et Archivolte
Socle et appui
Échelle d'un pour l'autre
Échelle montée pour cette

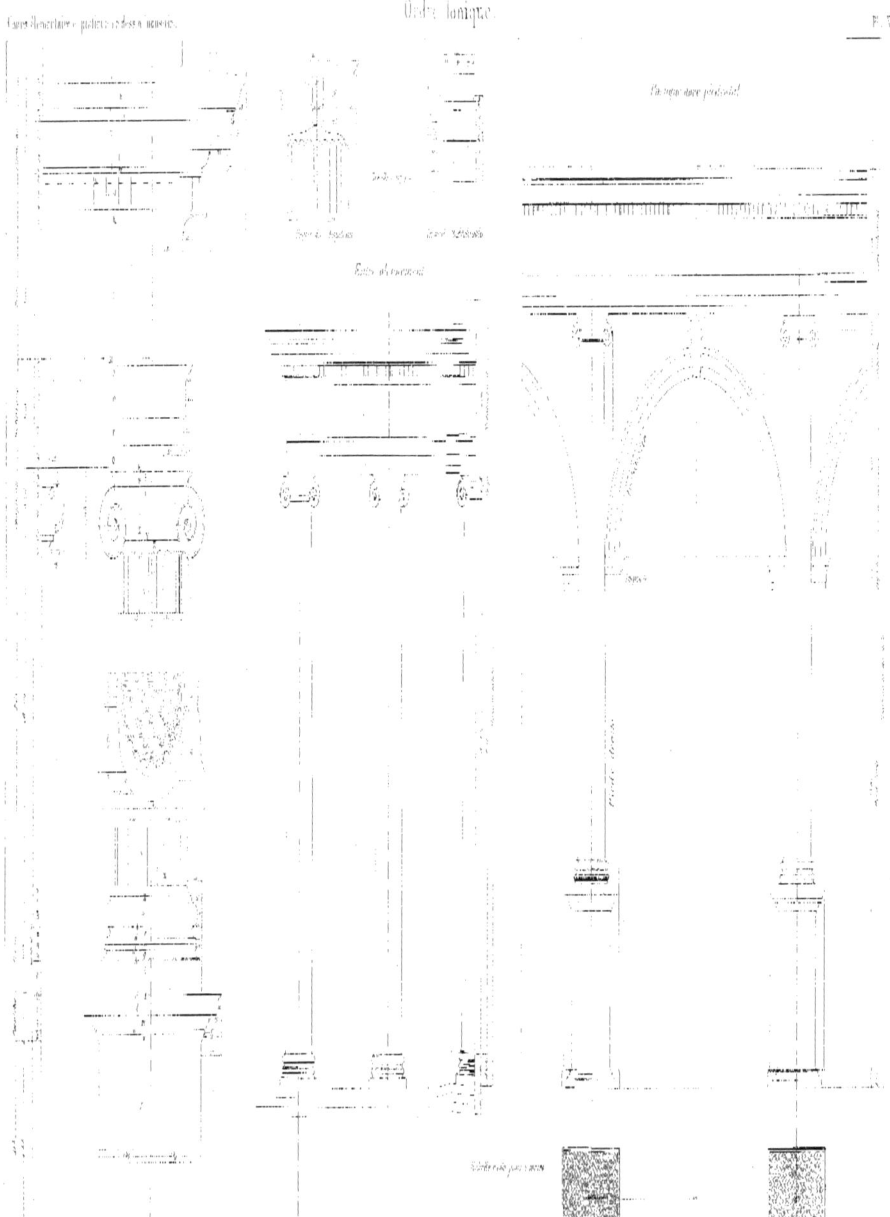

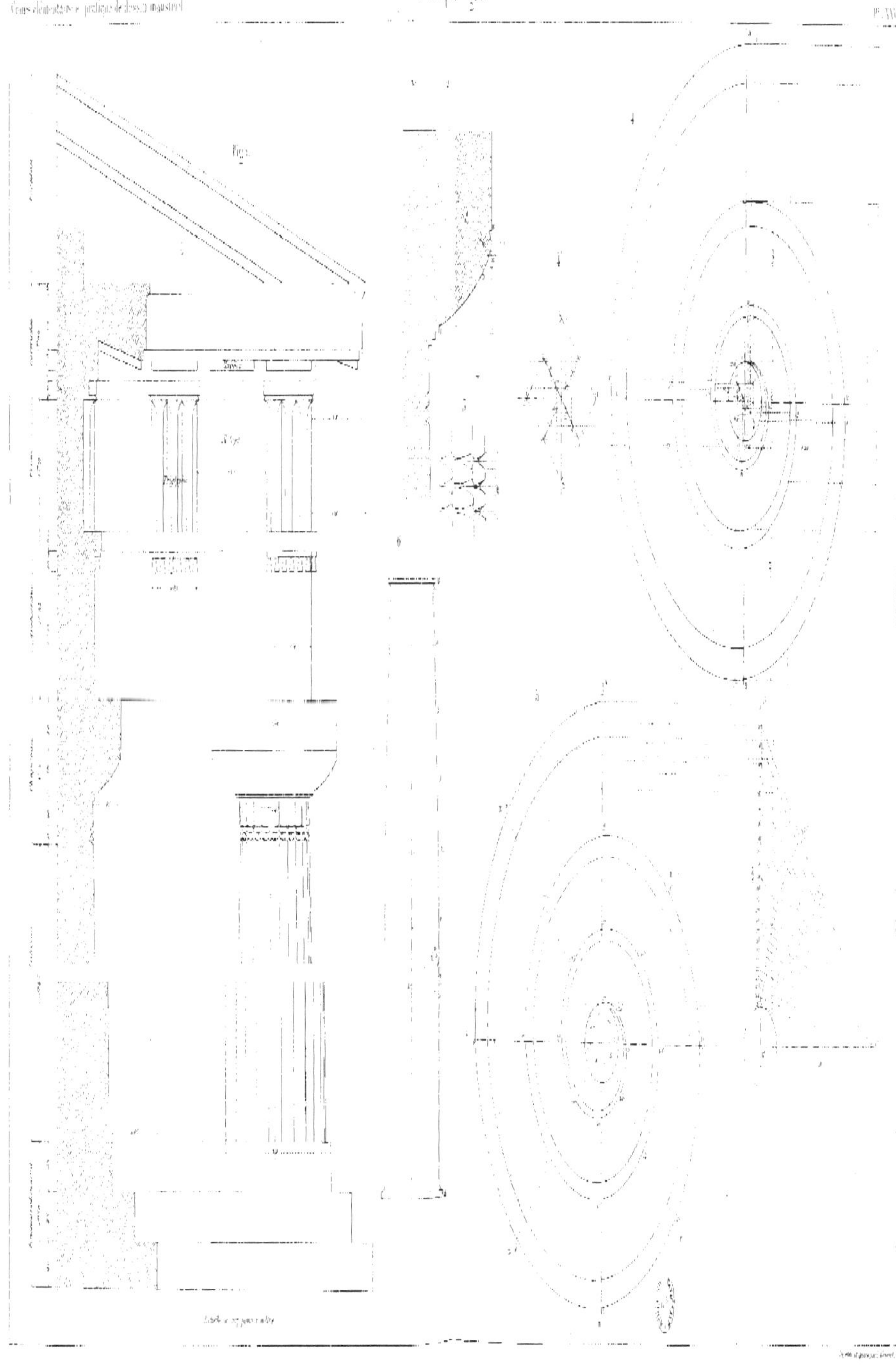

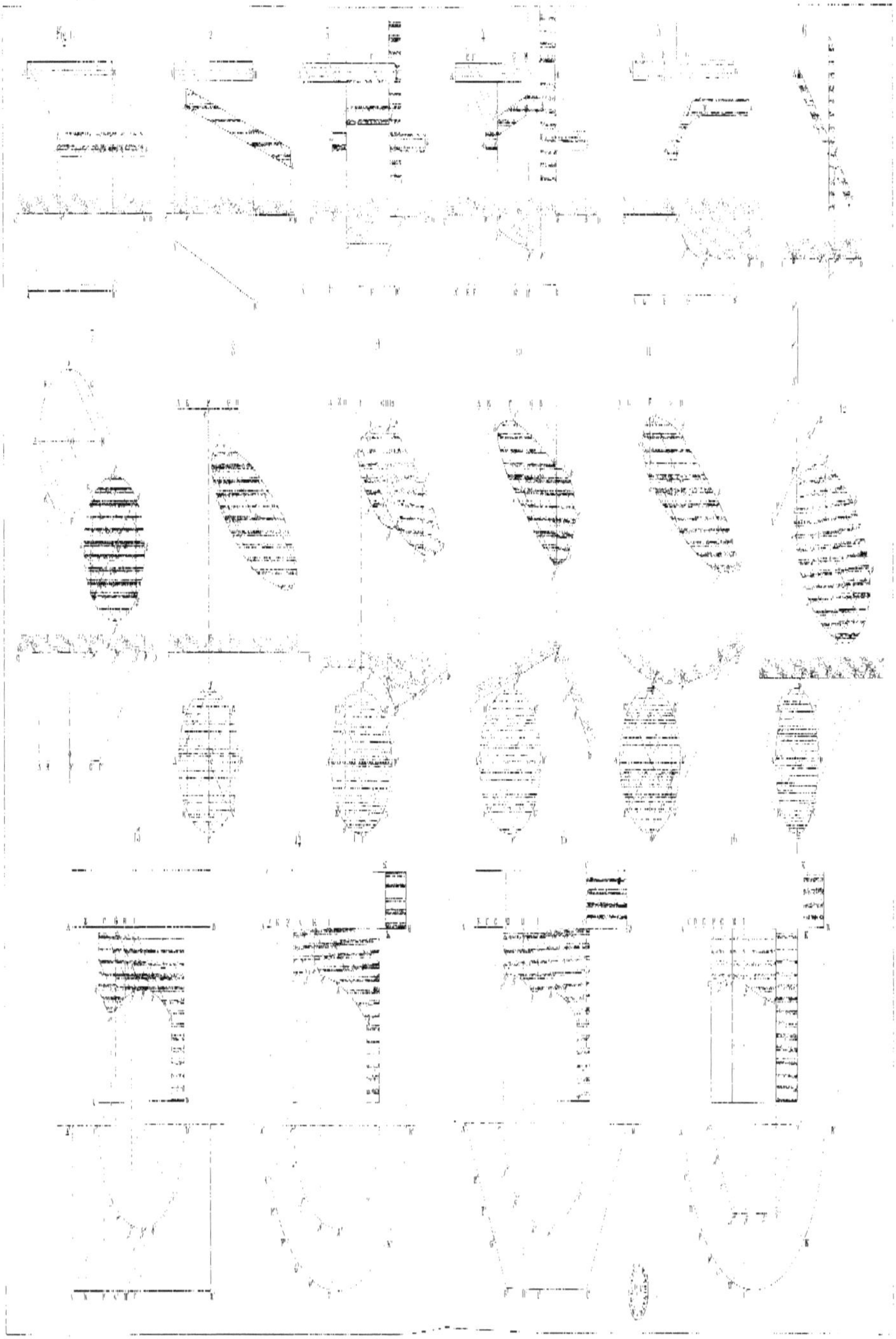

Fig. 1
2
3
4
5
6
7
8
9
10
11
12
13
14
15
16

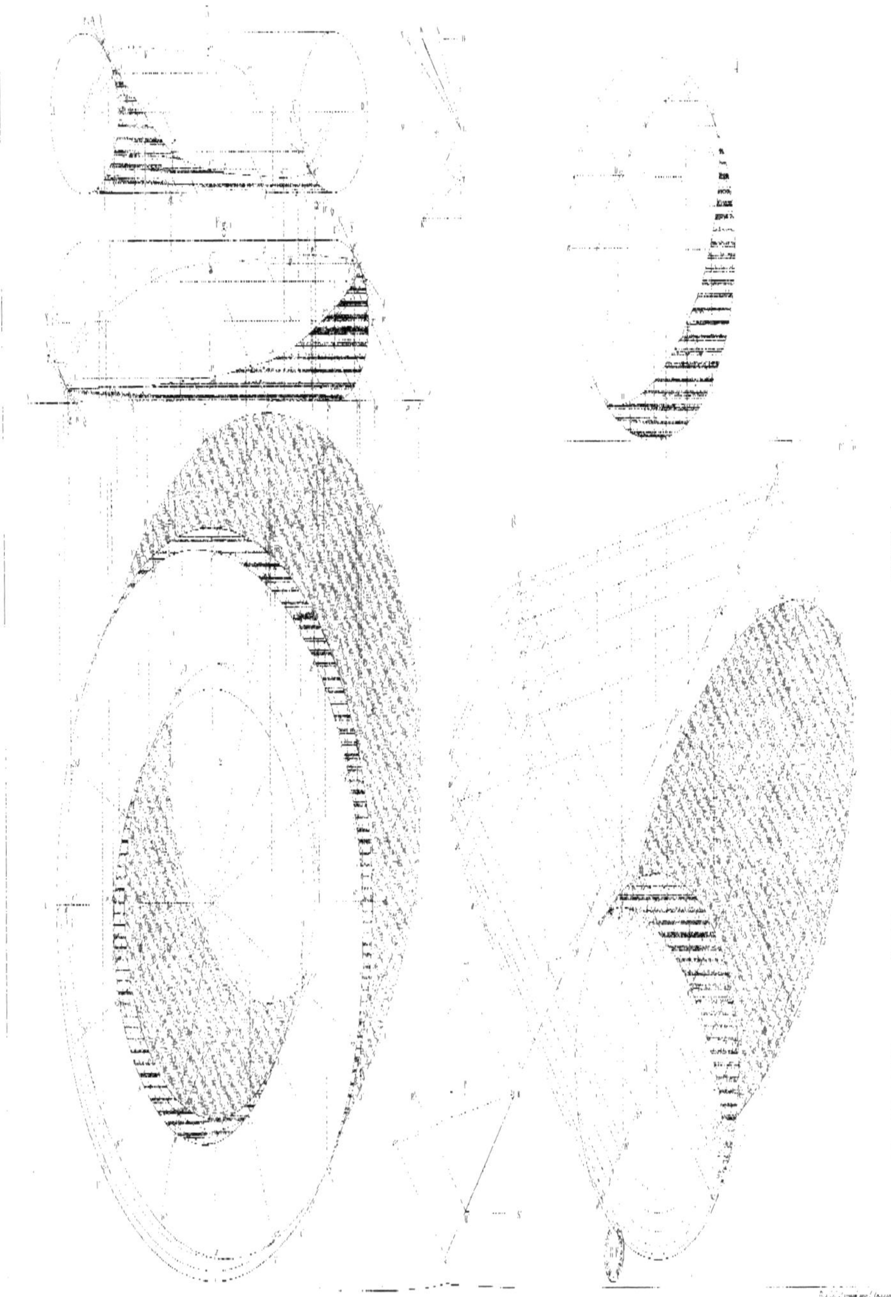

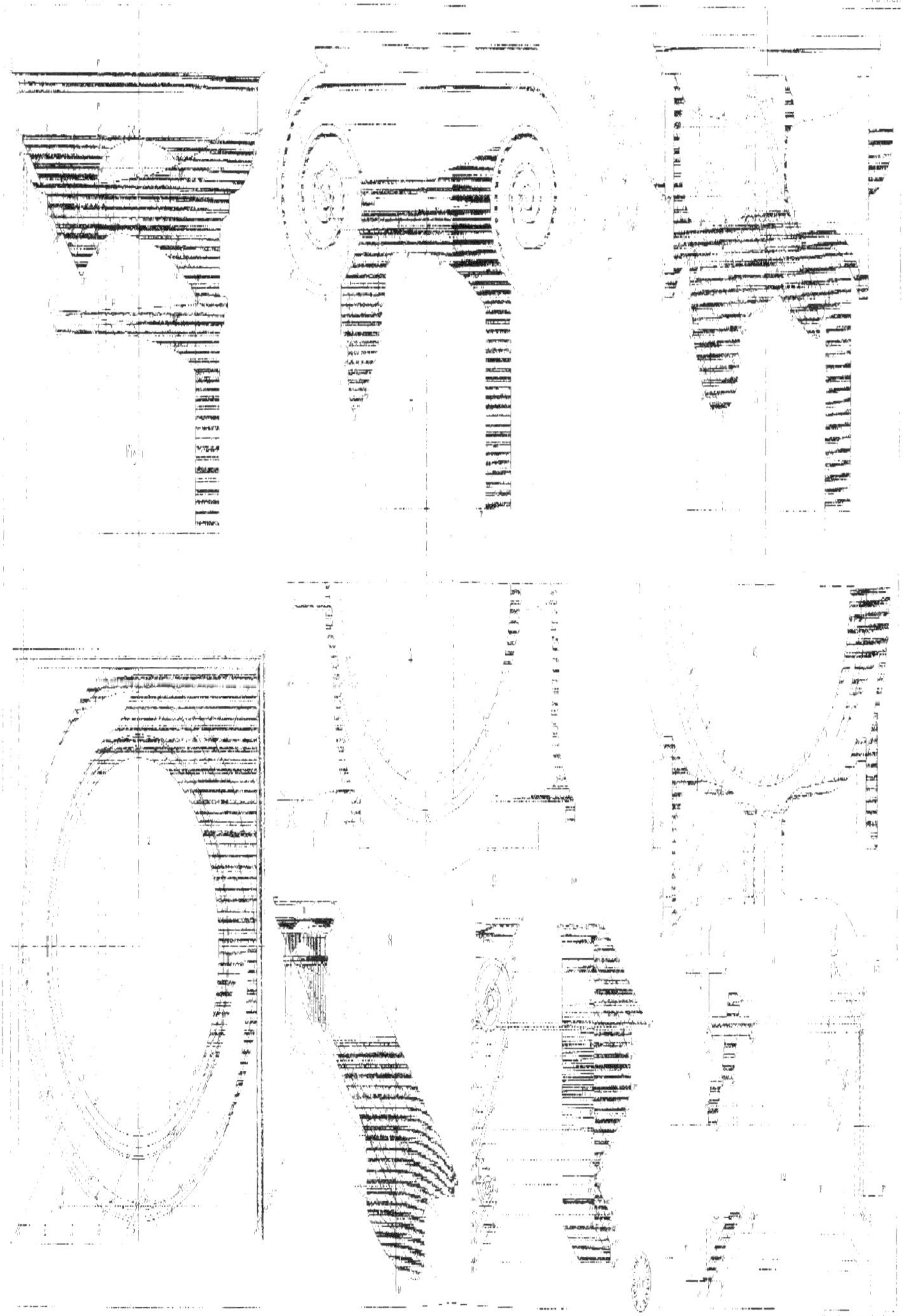

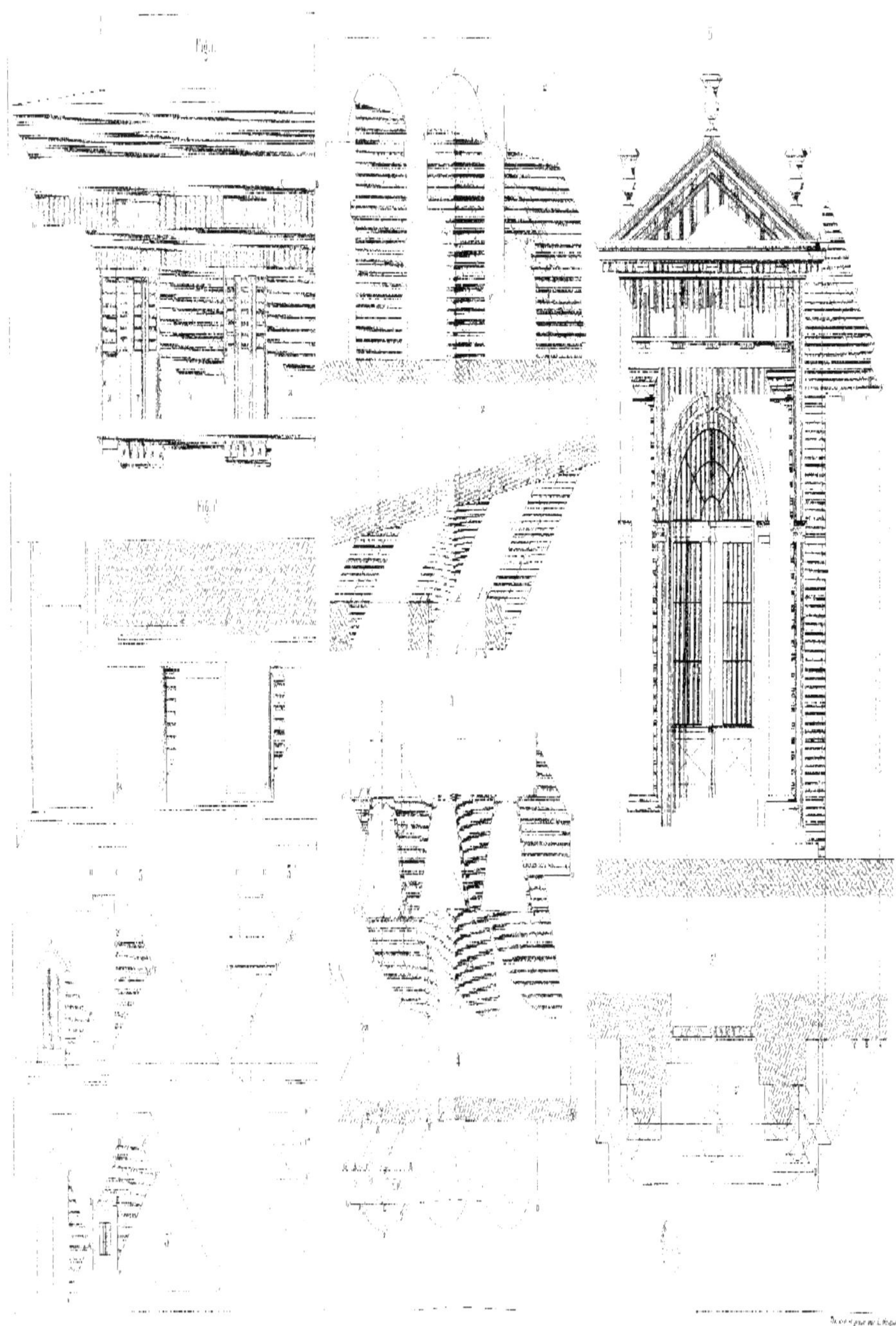

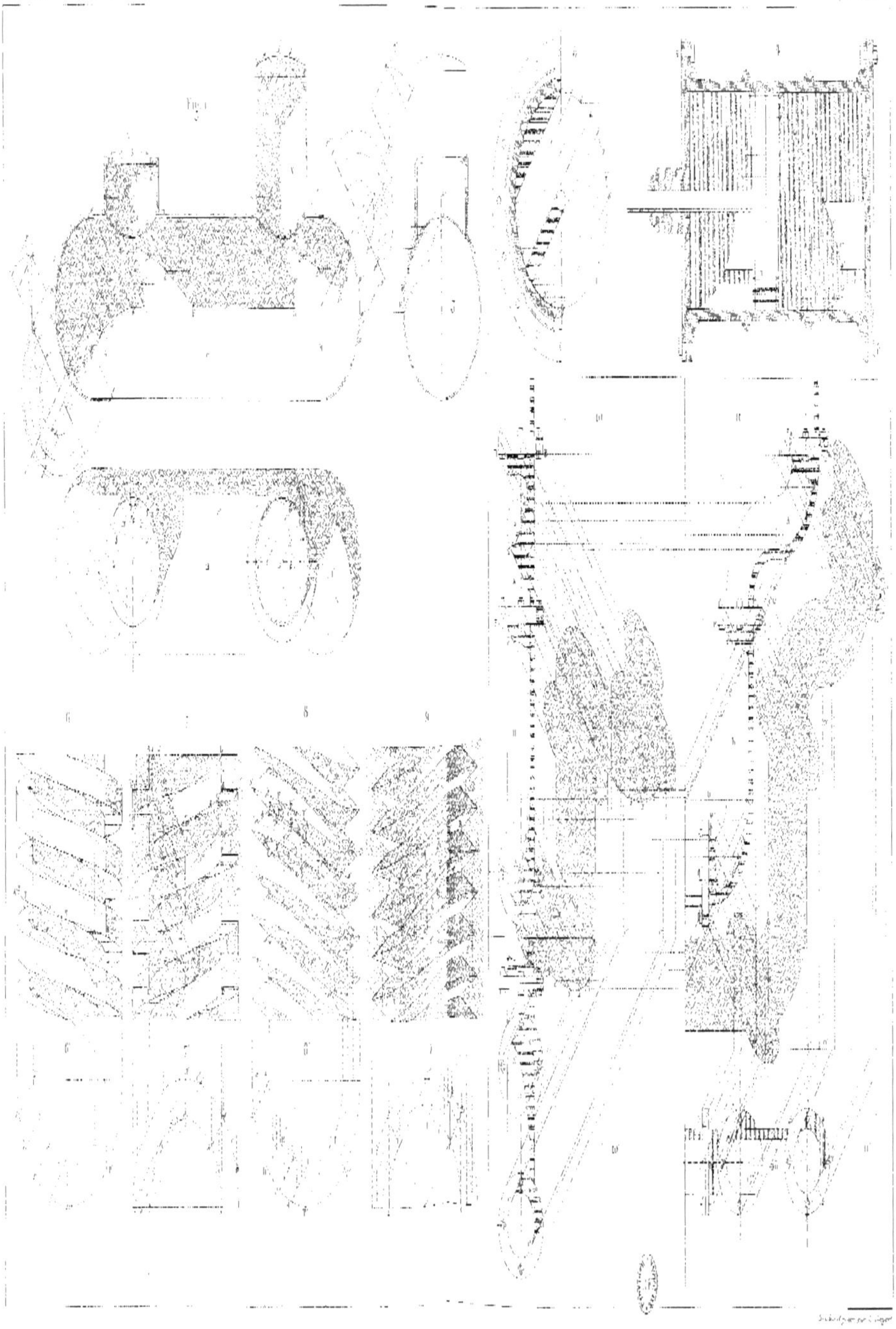

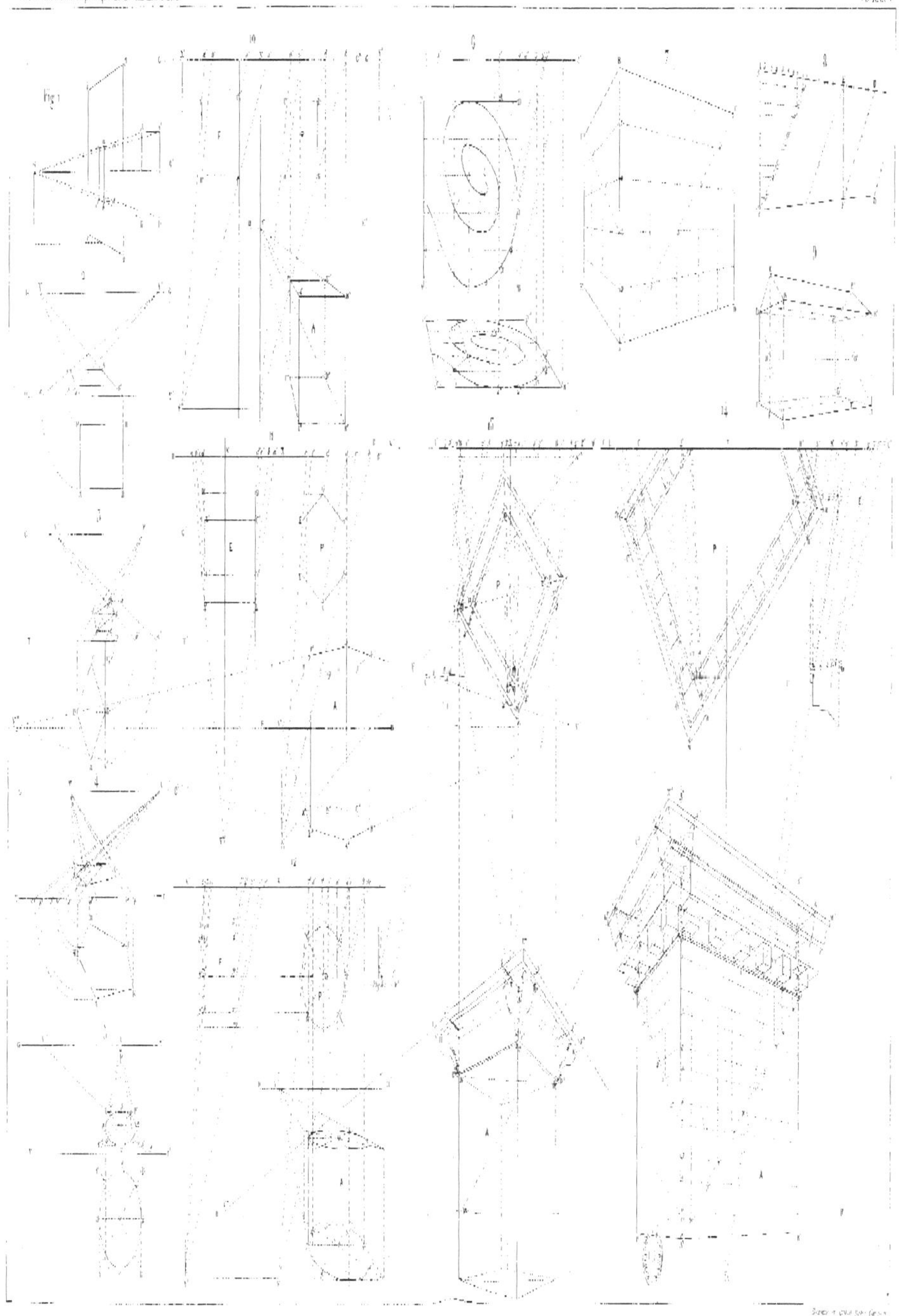

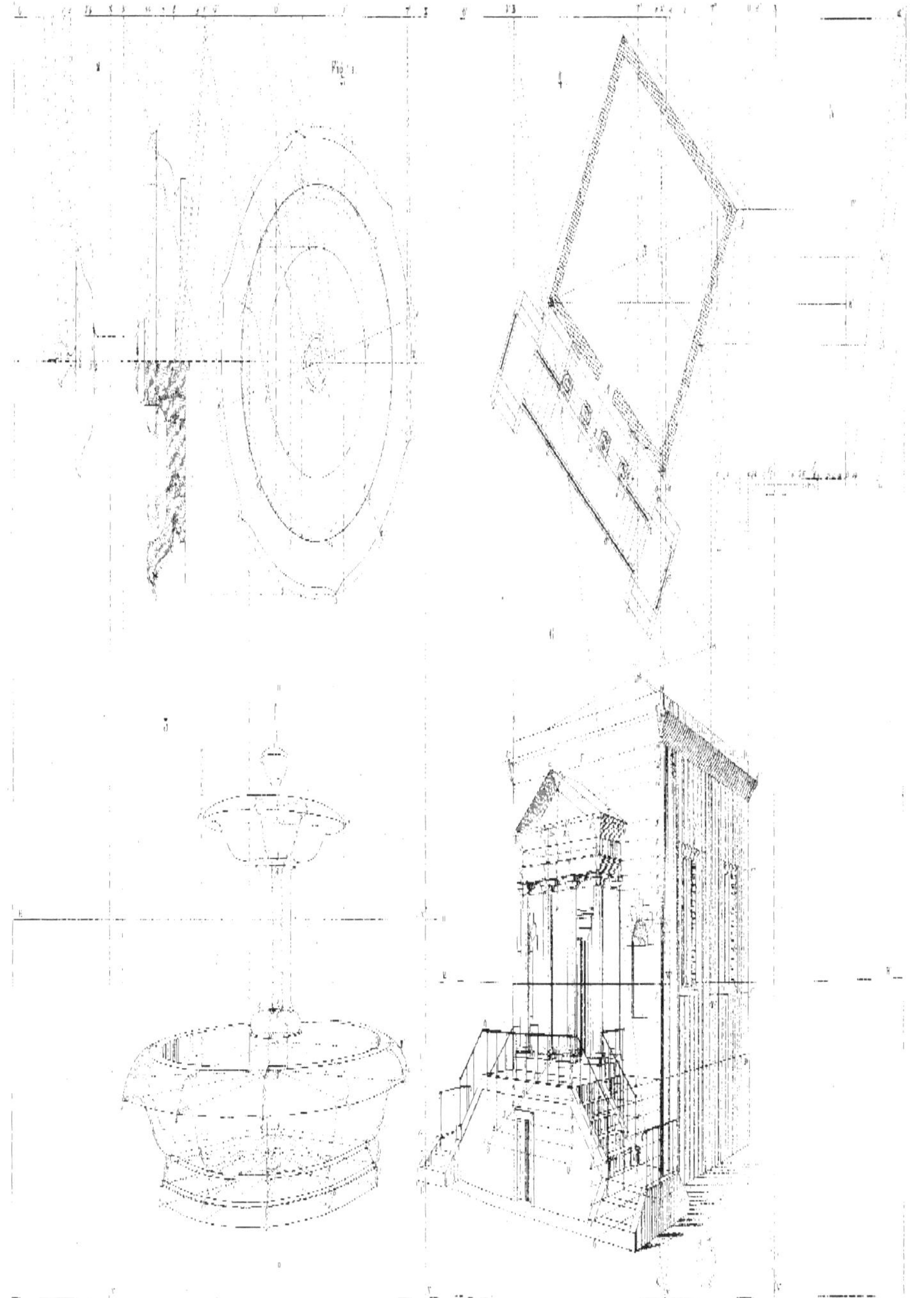

Fig. 1.

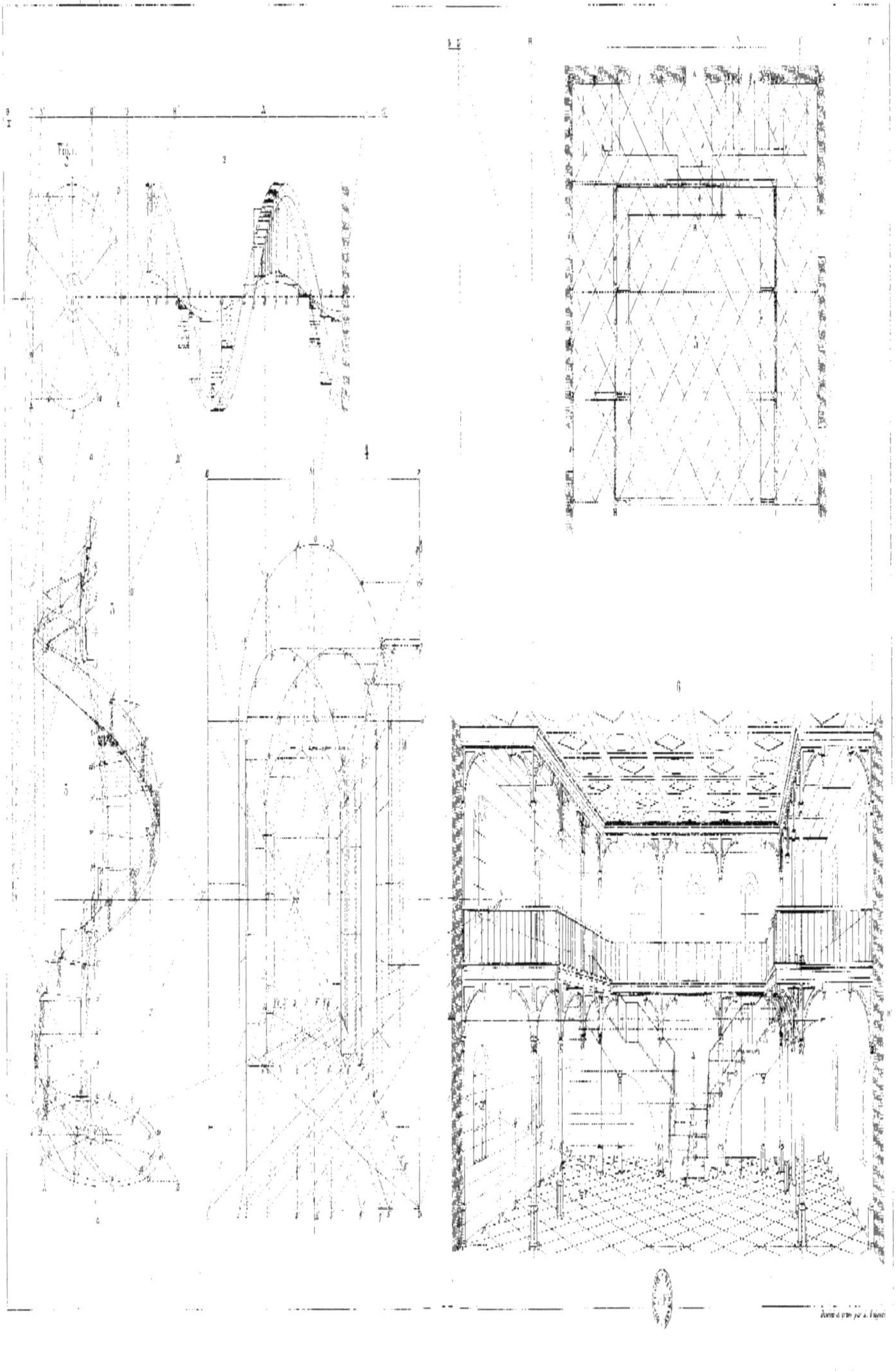

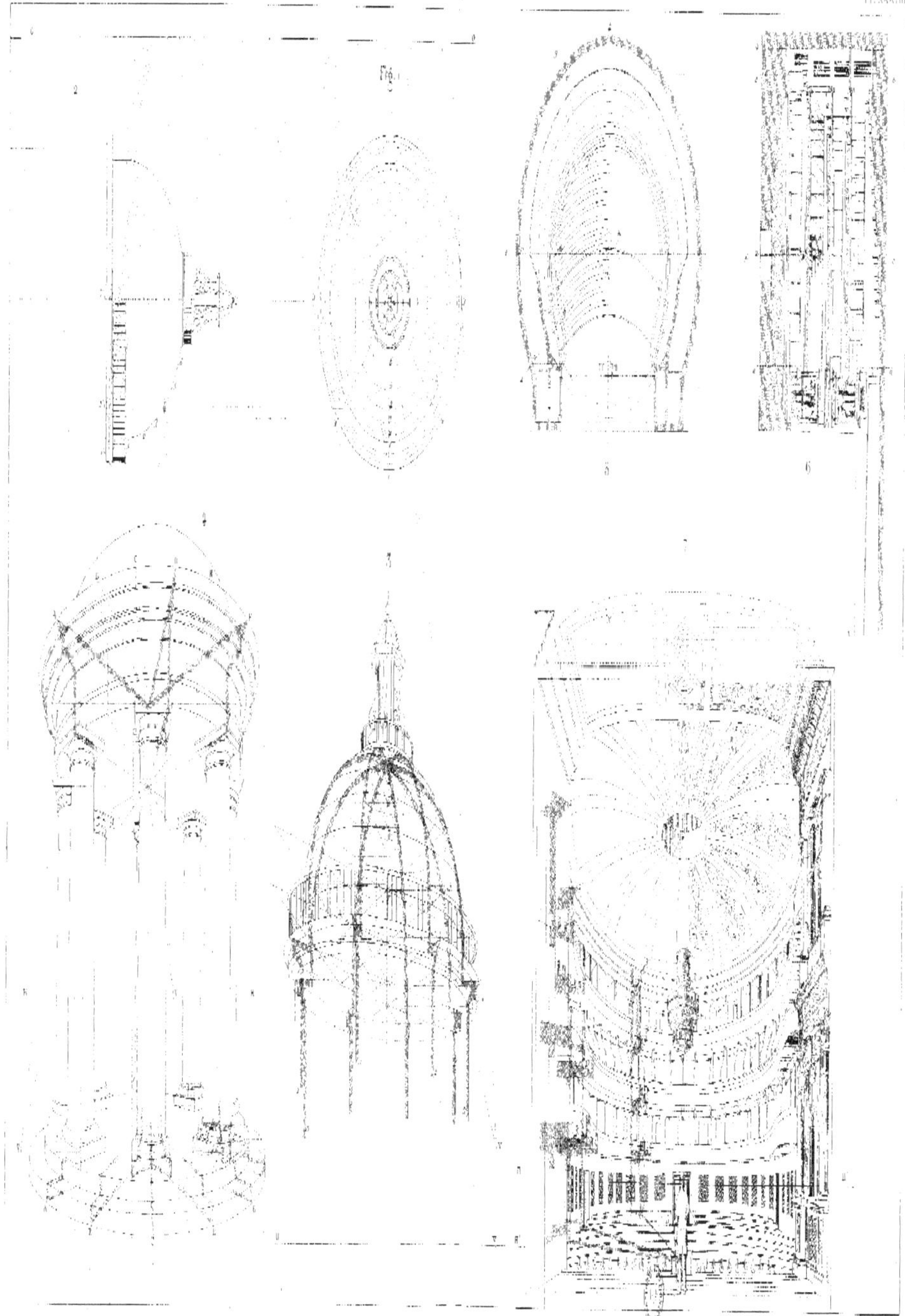

Fig. 1

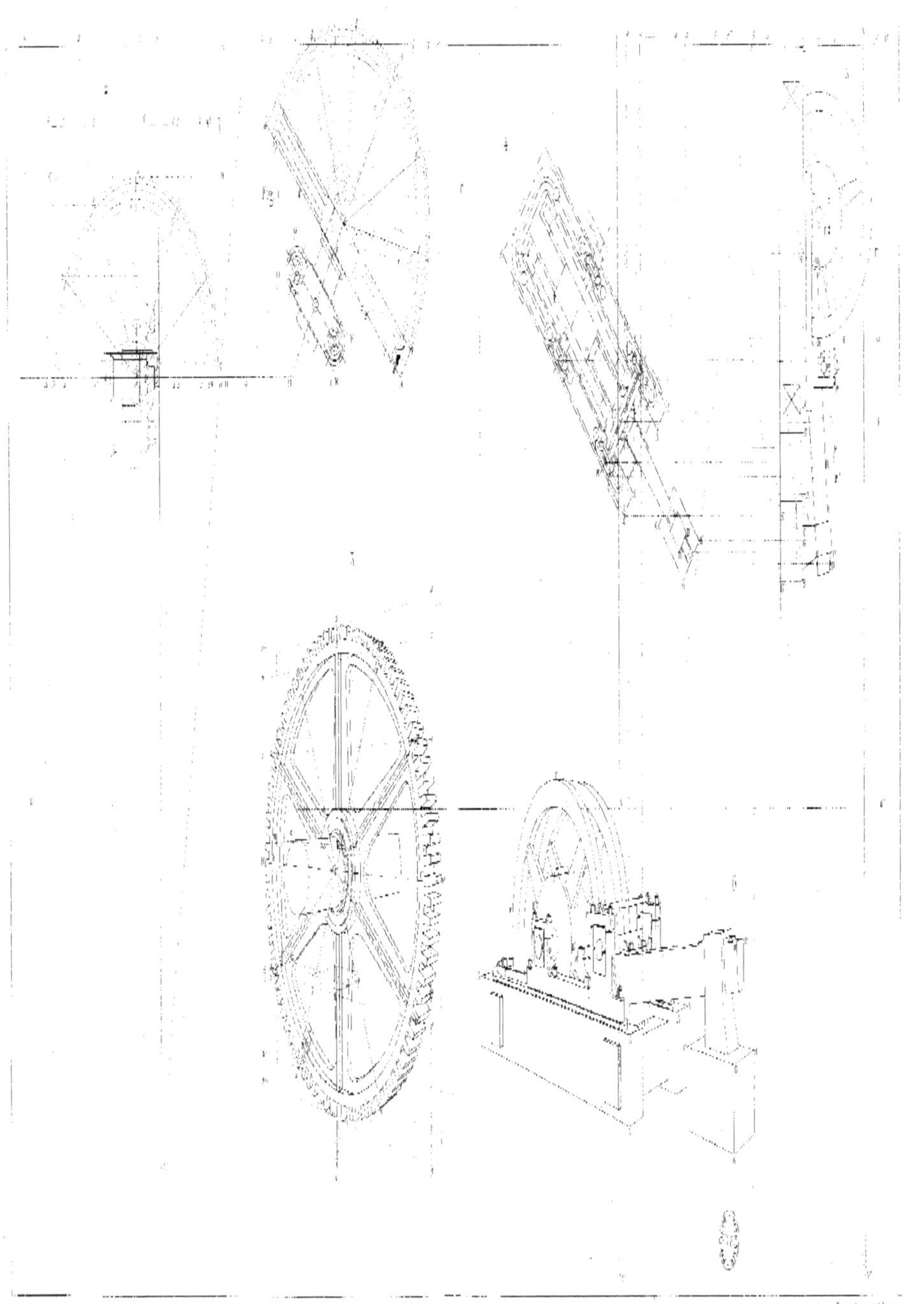

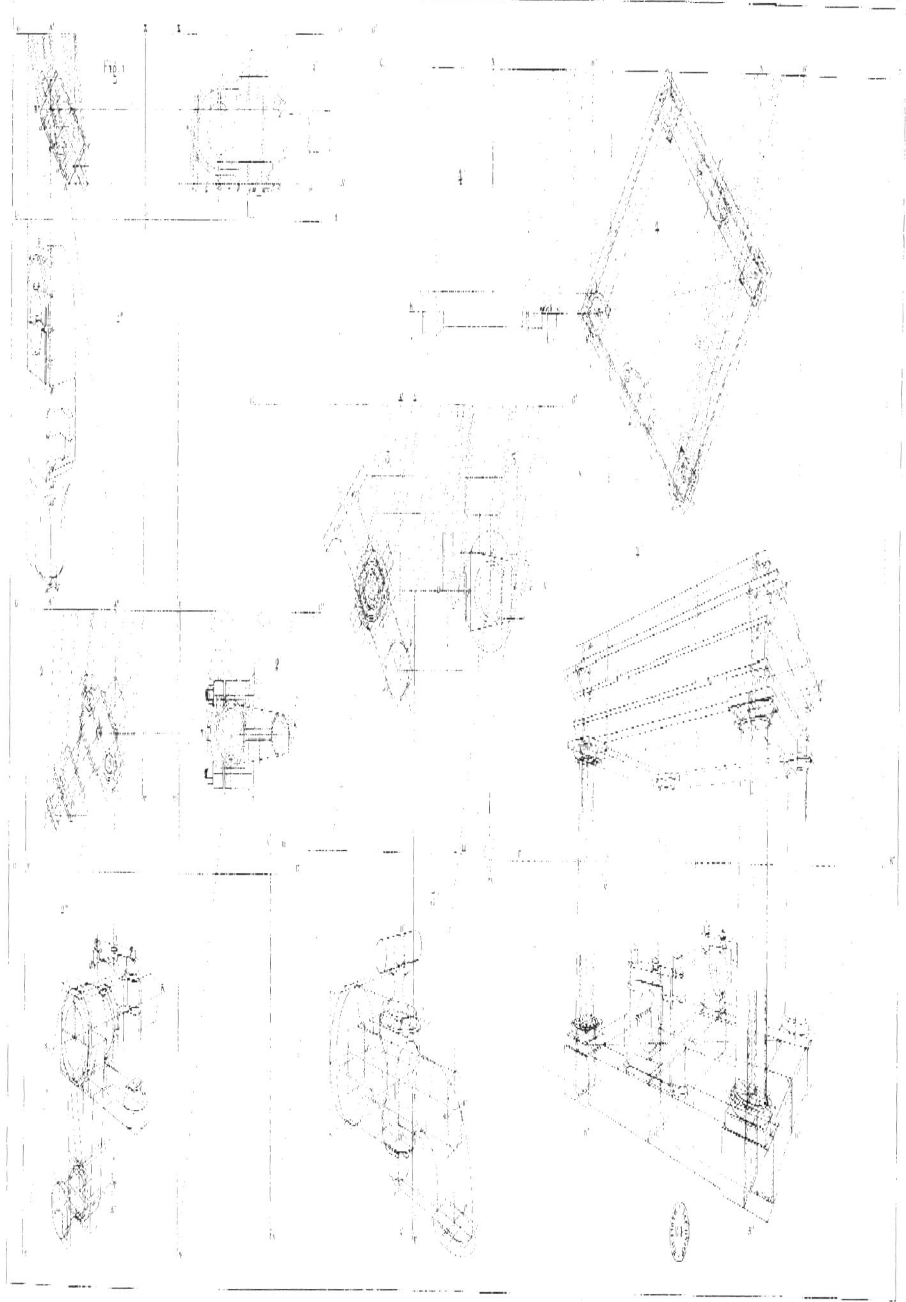

Fig. 1

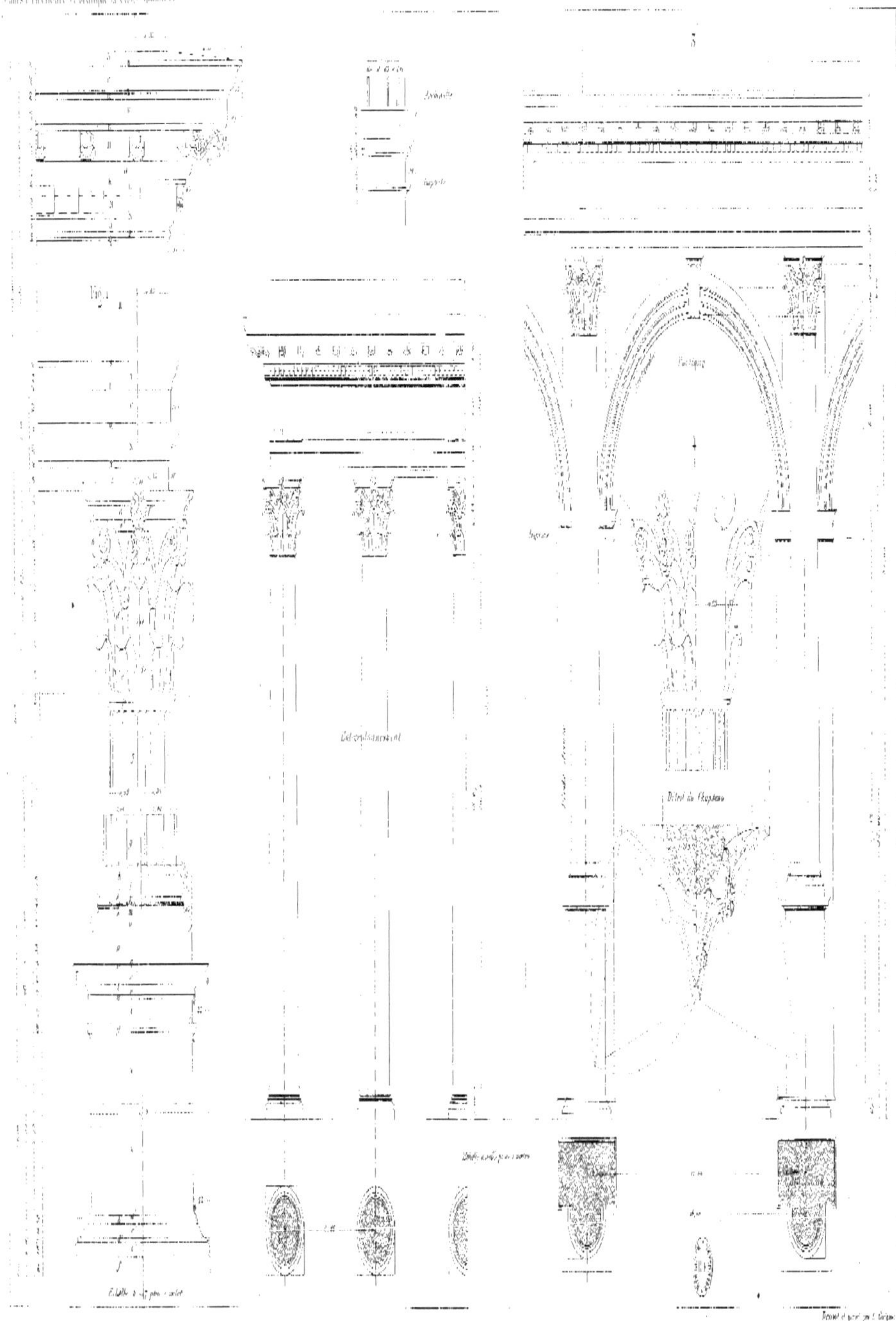
Archivolte
Imposte
Portique
Archère
Détail du Chapiteau
Détail de l'entablement
Echelle à ... pour l'ordre
Echelle à ... pour ... cintre
Dessiné et gravé par L. Lorgeou

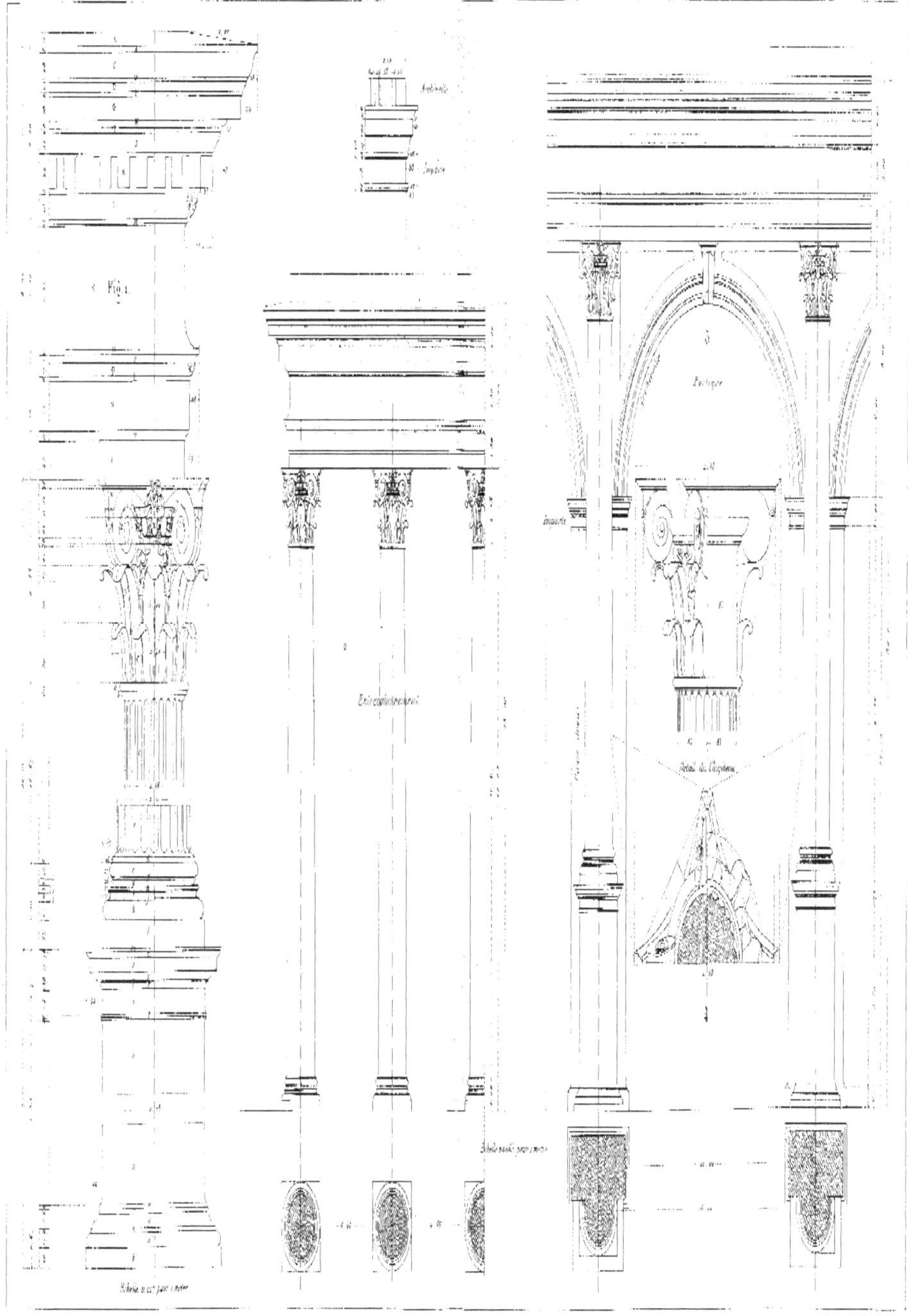

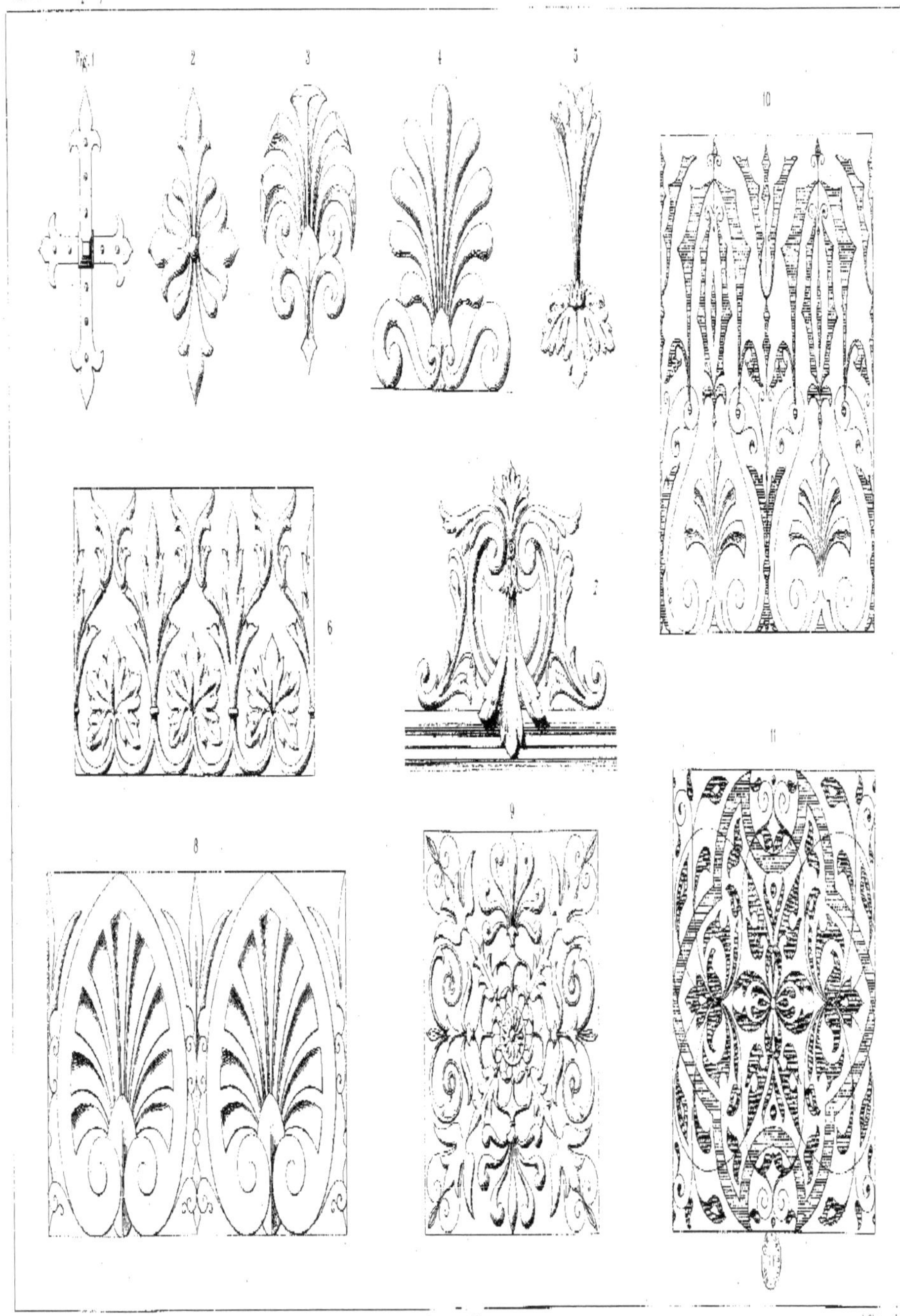

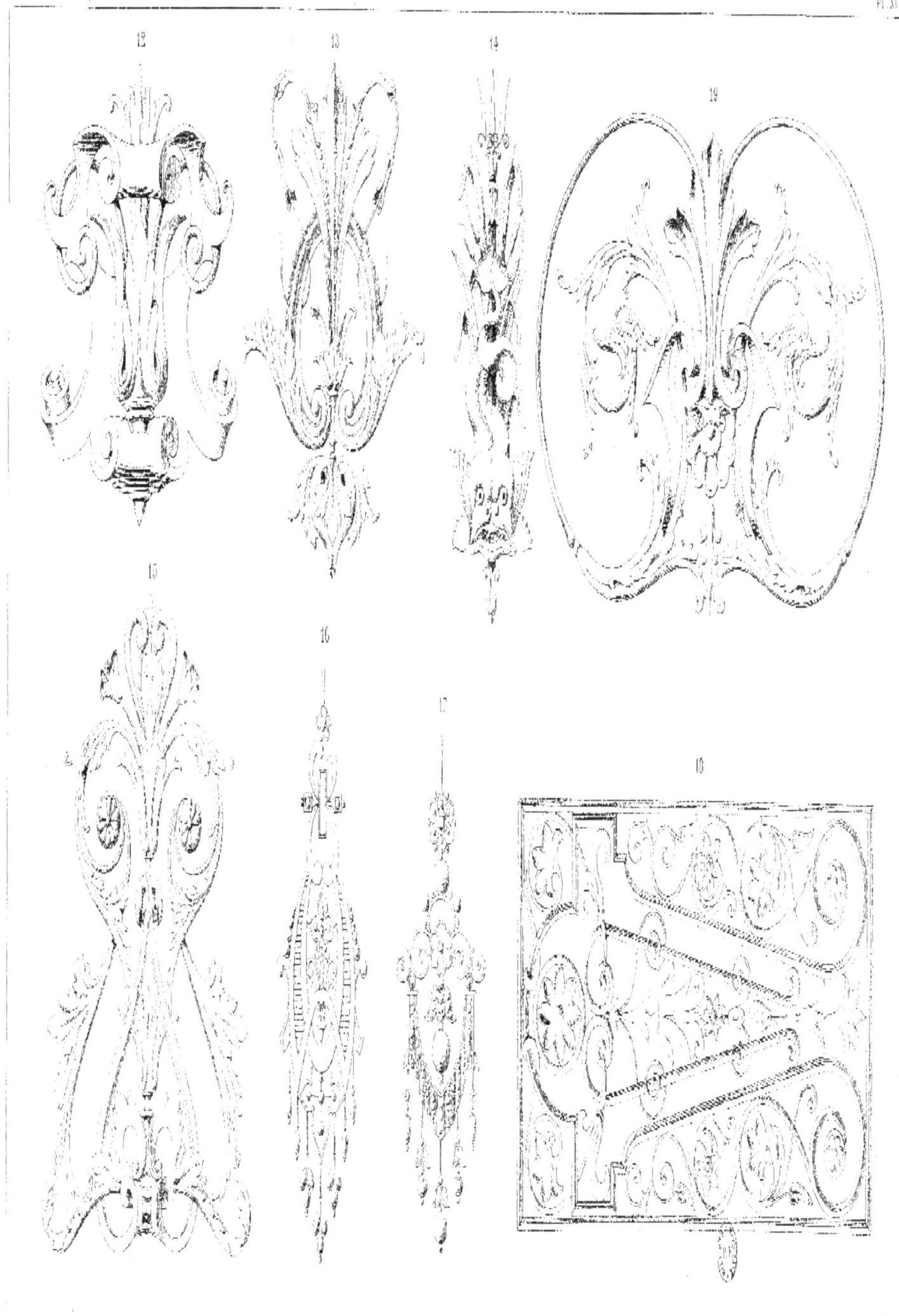